图解

孩子敏感期
行为心理学

张良科 编著

北京工业大学出版社

图书在版编目（CIP）数据

图解孩子敏感期行为心理学 / 张良科编著. — 北京：北京工业大学出版社，2016.6

ISBN 978-7-5639-4644-0

Ⅰ.①图… Ⅱ.①张… Ⅲ.①儿童心理学—图解 Ⅳ.①B844.1-64

中国版本图书馆CIP数据核字（2016）第081749号

图解孩子敏感期行为心理学

编　　著：张良科
责任编辑：闫　妍
封面设计：元明设计
出版发行：北京工业大学出版社
　　　　　（北京市朝阳区平乐园100号　邮编：100124）
　　　　　010-67391722（传真）bgdcbs@sina.com
出 版 人：郝　勇
经销单位：全国各地新华书店
承印单位：北京海纳百川印刷有限公司
开　　本：787毫米×1092毫米　1/16
印　　张：15
字　　数：218千字
版　　次：2016年6月第1版
印　　次：2016年6月第1次印刷
标准书号：ISBN 978-7-5639-4644-0
定　　价：36.80元

版权所有　翻版必究

（如发现印刷质量问题，请寄本出版社发行部调换 010-67391106）

孩子出生以后，身体结构虽然是完整的，但是身体的各项机能还没有完全发育好。比如说孩子的观察力、思维力、想象力、注意力、创造力、记忆力等，都需要适宜的刺激和锻炼才能得以发展。

孩子在6岁之前是具有吸收性心智的，在这个阶段，孩子的视觉、听觉、触觉、行走、模仿、语言等能力的发展都会有一个敏感期，如果父母能够把握住孩子每一个发展的敏感期，及时施以正确的教育，那么孩子的这些能力的发展就会有一个质的飞跃。当然，如果父母没有把握好这些敏感期，使孩子错过了最佳的发展时期，那么孩子的智力发育和各项能力都会受到限制，有的甚至终生都无法得到弥补。

"儿童成长的敏感期"这个概念，是著名的儿童心理教育专家蒙台梭利首先提出来的。所谓敏感期，是指在孩子0~6岁的这个成长过程中，孩子出于自身发展的内在需求，会突然对某种特定的事物或者事情产生浓厚的兴趣，甚至表现出一种狂热的态度，直到孩子内心的需求得到满足、敏感度下降或者被人为地阻止的这样一个成长阶段。如果孩子能够顺利通过敏感期，孩子的心智水平便会从一个层面上升到另一个层面。因此，有些儿童教育专家将敏感期称为学习的关键期或者教育的关键期。

可是并不是每一个家长都能了解孩子全部的敏感期，就算知道孩子是处于某一个敏感期，也可能并不知道该怎么样对待处于这个敏感期的孩子。比如，刚刚出生的孩子喜欢看的是黑白相间的物体，可是有太多的父母喜欢拿着彩色的玩具或者气球给刚刚出生不久的孩子看，以为这样会吸引孩子的注意力，从而促进孩子视觉的发展；或者孩子在某一段时间忽然迷上了看蚂蚁，一看就是一两个小时，妈妈觉得不耐烦就强行制止孩子的行为，结果孩子长大之后对细节十分不在意，父母才开始后悔没有让孩子在喜欢观察的时候好好地看看蚂

蚁；几乎所有的孩子都会有这样的一段时期，就是什么都是自己的，"你的就是我的，我的还是我的"，很多父母觉得孩子太过自私，却不知道这是孩子建立自我意识的开端……

　　每一个敏感期孩子的兴趣和表现都会不一样，有些敏感期在错过之后可能以后还能弥补，但是有很多的敏感期错过了就是错过了，再也无法弥补了。就算有的敏感期还会再次出现，但是也只是会让孩子得到心理的满足，已经不具有刚开始那样能够提升孩子心智的能力了。大家都知道狼孩的故事。在法国大革命时期，三个猎人捕获了一个小男孩，他赤裸着身体，正在寻找橡果和树根充饥，这就是我们听到的狼孩。尽管人们想尽方法想要使这个孩子恢复正常，但是由于错过了幼儿成长与学习的敏感期，直到十多岁，他也没有学会说话，看不懂绘画，也不会开门，智商还不如一个三岁的孩子。

　　因此，敏感期对于孩子的教育十分重要，甚至可以说0~6岁的教育决定着孩子的一生。那么父母应该怎么做才能让孩子顺利度过这段时期呢？又怎么判断孩子是进入了哪一个敏感期呢？到了相应的敏感期，父母该如何教育孩子才能让孩子既能顺利度过这个敏感期，又能得到心智的发展呢？

　　为此，我们特地编写了本书，从孩子的出生开始，一直到孩子6岁，将6年时间里关乎孩子成长的敏感期，尽量呈现在父母面前。本书采取理论与案例相结合的方法，并从心理学的角度解释孩子出现某种行为的原因，让父母更加直观地辨别孩子的敏感期，同时为父母提供应对孩子不同敏感期的科学对策，让父母可以抓住孩子的每一个敏感期，也就是抓住孩子每一次成长的机会。

　　最后，希望父母通过阅读本书，能够陪伴孩子一起顺利度过每一个敏感期，为孩子的未来成长奠定坚实有力的基础，并能够陪伴孩子健康、快乐地成长。

图解 孩子敏感期行为心理学

目录

第一章 0~2.5岁，孩子出生就有敏感期

第一节 视觉敏感期——新生儿对明暗相间的事物非常感兴趣 / 003

解读孩子的视觉敏感期 / 003

用眼睛认识这个新奇的世界 / 005

视觉敏感期对孩子具有重要意义 / 008

为孩子提供科学的视觉环境 / 010

第二节 听觉敏感期——喜欢处在有声音的环境中 / 012

婴儿一出生就具有听觉能力 / 012

用科学的方法让宝宝听力更好一点 / 014

孩子更喜欢听"妈妈腔" / 017

第三节 口腔敏感期——开始用口认识外部世界 / 020

解读孩子的口腔敏感期 / 020

用嘴巴"尝尝"这个世界 / 022

什么东西都喜欢放到嘴里 / 024

喜欢吃手的孩子 / 027

孩子喜欢张口就咬 / 029

第四节 手的敏感期——用手探索环境、感知世界 / 032

解读孩子手的敏感期 / 032

用小手触摸世界 / 035

重视孩子手的敏感期 / 037

孩子似乎总是见人就伸手打 / 040

第五节 行走的敏感期——乐此不疲地来回走 / 043

　　解读孩子行走的敏感期 / 043

　　行走敏感期对孩子成长的重要性 / 046

　　喜欢爬楼梯的孩子 / 048

　　让孩子顺利度过走的敏感期 / 050

第六节 语言的敏感期——一遍又一遍重复他人的话 / 053

　　解读孩子的语言敏感期 / 053

　　通过重复和模仿让孩子学习说话 / 055

　　孩子爱上了骂人、说粗话 / 058

　　对悄悄话着迷的孩子 / 061

　　孩子说话有点口吃 / 063

第七节 细小事物的敏感期——对很小的东西感兴趣 / 066

　　解读孩子关注细小事物的敏感期 / 066

　　细小事物敏感期孩子的心理 / 069

　　不要打扰孩子 / 071

第二章　2.5～3岁，关注孩子的敏感期

第一节 自我意识产生的敏感期——"我的，什么都是我的" / 077

　　解读孩子的自我意识敏感期 / 077

　　孩子似乎有点"自私" / 079

　　"不"成了孩子的口头禅 / 082

　　孩子的"自我中心" / 085

　　喜欢和小朋友争抢玩具 / 087

第二节 空间的敏感期——喜欢在凳子上爬上又跳下 / 090

　　解读孩子的空间敏感期 / 090

家长不要干涉孩子的探索 / 093

对孔情有独钟 / 095

垒高成了孩子的新游戏 / 097

第三节 秩序敏感期——需要一个稳定且有秩序的环境 / 100

解读孩子的秩序敏感期 / 100

秩序敏感期对孩子成长的重要性 / 102

孩子乐于给物品找主人 / 105

不合要求就要重来 / 107

第四节 模仿敏感期——大人做什么，孩子也跟着做什么 / 110

解读孩子的模仿敏感期 / 110

模仿是孩子成长的阶梯 / 112

警惕孩子染上"模仿瘾" / 115

第三章　3～4岁，理解孩子敏感期的行为

第一节 执拗的敏感期——孩子不可理喻地胡闹 / 121

解读孩子的执拗敏感期 / 121

孩子总是与父母对着干 / 123

孩子似乎有点暴力 / 125

孩子就是不洗手 / 127

第二节 审美和完美的敏感期——每件事情都不能出错 / 130

解读孩子的审美和完美敏感期 / 130

让孩子认识真正的美 / 132

这个时期可以培养孩子的审美观 / 135

第三节 色彩敏感期——开始在生活中寻找不同的颜色 / 138

  解读孩子的色彩敏感期 / 138

  色彩对孩子的智商、情商和性格都有影响 / 140

第四节 人际关系的敏感期——寻找并依恋志同道合的朋友 / 143

  解读孩子的人际关系敏感期 / 143

  让孩子学会人际交往技能 / 146

  孩子的交际从交换开始 / 149

  孩子总被欺负怎么办 / 151

第四章　4～5岁，和孩子一起度过敏感期

第一节 出生和性别的敏感期——"我是从哪里来的" / 157

  解读孩子的出生敏感期 / 157

  解读孩子的性别敏感期 / 160

  让孩子正确认识自己的性别 / 162

  性别敏感期孩子的行为——对妈妈的乳房感兴趣 / 165

第二节 婚姻敏感期——"我要和爸爸（妈妈）结婚" / 168

  解读孩子的婚姻敏感期 / 168

  孩子开始谈论恋爱结婚了 / 170

  婚姻敏感期的不同阶段 / 172

  趁机培养孩子的婚姻观 / 176

第三节 身份确认的敏感期——开始崇拜某一个偶像 / 179

  解读孩子的身份确认敏感期 / 179

  理解孩子这一时期的心理 / 182

  偶像可以让孩子越变越好 / 184

第四节 绘画敏感期——从胡乱画到有章法 / 186

  解读孩子绘画的敏感期 / 186

  绘画敏感期的发展过程 / 189

  让孩子自由地绘画 / 193

第五节 音乐敏感期——孩子天然的语言表达形式 / 195

  解读孩子的音乐敏感期 / 195

  为孩子创造良好的音乐环境 / 197

第五章 5～6岁，让孩子在敏感期自由成长

第一节 书写与阅读敏感期——对文字符号产生了极大兴趣 / 203

  解读孩子的书写与阅读敏感期 / 203

  没人看得懂的文字 / 205

  孩子爱上了阅读 / 208

第二节 数学敏感期——对数的序列以及概念之间的关系产生兴趣 / 212

  解读孩子的数学敏感期 / 212

  学习数学要循序渐进 / 214

  学习数学的误区 / 216

第三节 社会规则敏感期——懂得共同建立和遵守规则 / 219

  解读孩子的社会规则敏感期 / 219

  破坏规则会让孩子非常痛苦 / 221

  不要强迫孩子做违背规则的事情 / 223

第四节 文化敏感期——汲取各种科学文化知识 / 226

  解读孩子的文化敏感期 / 226

  孩子成了"十万个为什么" / 227

第一章 0~2.5岁,孩子出生就有敏感期

第一节 视觉敏感期
—— 新生儿对明暗相间的事物非常感兴趣

解读孩子的视觉敏感期

所谓敏感期，也称作关键期，是指有机体早期生命中某一短暂阶段内，对来自环境的特定刺激特别容易接受的时期。在此期间，脑对某种类型的信息输入产生特定反应，以刺激或巩固神经网络的发展。换句话说，敏感期一般指的是在0~6岁的成长过程中，孩子受内在生命的驱使，在某个时间段内，专注于环境中某一事物的特质。我们常常会看到孩子在某一阶段会不断重复实践一件事，这可能就是因为敏感期到了。当孩子平稳地度过这个敏感期之后，就能顺利地进入下一个敏感期了。

视觉是新生儿身上最不成熟的感觉。人在出生以后，眼睛和大脑中的视觉结构仍然在继续发育。虽然视觉发育的时间比较久，但是孩子以后的很多敏感期，都要依赖于视觉的发展，比如，走的敏感期、细小事物敏感期等。

当涵涵一个半月大的时候，在吃奶时不再是总闭着眼睛了，而是会固定地看着某一个方向。有一次，涵涵的妈妈顺着她的视线看过去，发现她正在看饮水机，妈妈还以为涵涵是对饮水机上的花布感兴趣，于是就把那块花布拿走了。但是即使花布拿走之后，涵涵还是看着饮水机的方向，原来涵涵看的不是花布，而是饮水机投在白墙上的影子。

涵涵3个月大时，在吃奶的时候，已经不会再像从前一样专心了，而是会不停地这儿看看，那儿瞅瞅。当妈妈拿着某个物体在涵涵面前不停地晃动时，涵涵就会一直盯着这个物体看，有时还会咯咯地笑起来。从这以后，涵涵就对活动的物体非常感兴趣，就算是风吹得窗帘晃动，涵涵也会看上好长时间，直到累了才会闭上眼睛睡觉。

孩子出生后，一方面，新生儿的晶状体肌肉很虚弱，随物体距离不同而调节眼睛聚焦的能力非常有限；另一方面，新生儿的视网膜、视神经和其他视皮层传

发展孩子的视力

刚刚出生的孩子，他们的眼球构造虽然正常，但是功能很差，必须通过反复地看、观察，不断接受外界光线和物体形象的刺激，才能使其视觉能力逐步成熟。

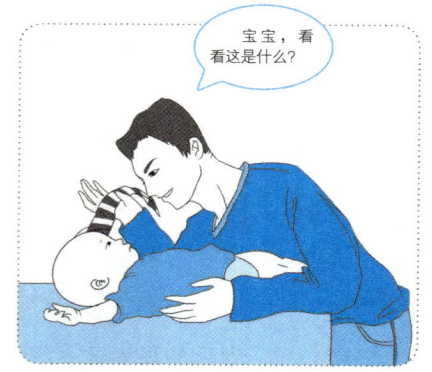

1 尽早给孩子刺激

孩子刚出生时能够看清近处的物体，因此父母可以适当给孩子看一些黑白的物体来刺激孩子的视觉。

2 对孩子进行视觉训练

尽可能为孩子提供对比度强、色彩明艳、形状各异的物品，有效促进孩子大脑视觉神经系统的发育。

当然，父母也可以给孩子看一些移动的物品，这样有助于孩子空间感觉的建立。父母在给孩子看某一件物品的时候，也可以给孩子讲讲有关物品的颜色、用途等知识。

送信息的通路也还需要几年才能发育成熟，所以新生儿看东西很不清楚。尽管他们看到的父母的面容只是模糊的图像，但他们会运用有限的视觉能力对环境进行探索。

如果拿某个东西在新生儿眼前晃动，他们能够盯着这个东西并随着手部的移动而追视这个物体。而且，亮度不同，孩子做出的反应也不同。新生儿的视觉能力发展很快，到了8个月大的时候，其大脑活动区域与成年人看到同样图像时的大脑活动区域将完全一样。这说明此时孩子已经具备了很多视觉能力，比如轮廓、色彩、距离、体积以及让他头晕的深度知觉。

当然，这并不等于说孩子的视力到这个时候就完全发育好了。有关眼科专家说，如果孩子在两三岁以前视觉发育的关键时期遇到阻碍，譬如度数的屈光不正或患上一些眼病，就会使外界的光线与物体对眼的刺激受阻，时间长了就会影响孩子视觉的成熟，从而造成弱视。

用眼睛认识这个新奇的世界

刚刚出生的婴儿，虽然心理完全处于不成熟的状态，但是已经开始有了心理需求，他们能够感受到光亮，也十分渴望看到光，那么婴儿是怎样感觉到光的呢？在黑暗的隧道尽头，一个光点出现了。在黑暗中，这个光点显得格外奇妙、明亮和有意义。光点逐渐变大，但它依然在黑暗中，强烈的光明与黑暗对比，使得这一点光充满了意义。直到光明完全吞噬黑暗，就好像一下子扑进光的怀抱中，光明包围了婴儿。婴儿扑到了光里，进入了另一个世界。

刚出生的婴儿，会到处寻找淡淡的阴影和阴影的边界，随着时间的推移，婴儿很快就能寻找到生活中那些明暗相交的地方：一幅画、窗帘或者书柜里的书产生的那些明暗相交的地方，婴儿会高度投入地一直注视着那些地方，直到疲倦为止。而不是人们想当然认为的那样，以为婴儿喜欢彩球等颜色鲜艳的东西。

到过琪琪家的人都会发现她家卧室的墙上贴满了CD,连很久之前的都会展示在墙上,很多人不理解:琪琪的爸妈为什么要这样装饰墙壁?琪琪的妈妈每次都会笑着对大家说:"还不是因为我们家琪琪爱看嘛。"

原来才4个月大的琪琪最近十分调皮,她总是要让妈妈抱着她到卧室外面去玩。妈妈就抱着琪琪在客厅玩,后来又带她去其他房间,但是每进入一个房间,刚开始的时候琪琪都十分开心,可是过不了一会儿她就会厌烦,开始哭闹。有一次在琪琪哭的时候,爸爸随手拿起了抽屉里的一张CD在她眼前晃,结果琪琪立刻就被吸引了,竟然盯着看了十多分钟!并且以后每次看到CD,琪琪都会露出满意的笑容。

因此,琪琪的爸爸就想了一个办法,把家里的CD都找了出来,贴在卧室的墙上,这样,每当抱起琪琪的时候,她就可以轻而易举地看到了。当然,为了增加新鲜感,爸爸妈妈还经常把CD拼成不同的形状,因此,琪琪对这些CD百看不厌。

琪琪之所以会对光碟感兴趣,就是因为她正处于视觉的敏感期。在这个敏感期中,孩子对对比强烈的事物感兴趣,对运动的事物感兴趣,而光碟恰恰能满足孩子的这一心理需求。因为从不同的角度来看,光碟常常会呈现出不同的颜色、明暗,并且能像投影仪一样折射出不同的物体,所以琪琪才会长时间被这些光碟吸引。

孩子起初对世界的认识绝大部分是通过眼睛认识的,当然,在刚刚来到这个世界的时候,孩子的视觉能力可能还没有发育好,但是随着年龄的增长、大脑的发育以及心理的不断成熟,孩子对世界的探索欲望也会更加强烈,而对世界的探索始终离不开视觉。

婴儿视觉的敏感期是指,孩子在出生时唤醒的脑内神经元所做的工作,或者说,这是一种脑内神经元的完全建构工作,所以这个时候,孩子的视觉从不会偏离生活环境中阴暗相交的地方。这个过程结束之后,视觉将在孩子出生后头6年中发挥意想不到的作用,有的教育家甚至认为孩子对外在世界的认知靠的就是一双大眼睛,好像我们说的外星人一样,有一双大大的眼睛。这样的说法实际上就是为了强调视觉对孩子的重要性。

图解 孩子敏感期行为心理学

实际上，对于一个只有半岁的新生儿来说，尽管他同时具备其他的感觉能力，比如听觉、触觉、味觉等，但是在头半年的发展中，视觉和味觉就像一首交响乐的主旋律一般，起着至关重要的作用。

新生儿的视力发育过程

心理研究表明，在视觉敏感期，黑白对比明显的物体以及运动的物体等，最容易吸引和维持孩子的注意力。

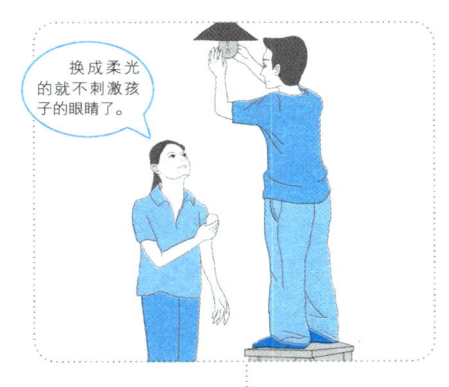

孩子视觉能力最早表现为对光的敏感。不过，强光对孩子眼睛的发育是有害的，不要用强光刺激孩子的眼睛。

在这之后，孩子开始对黑白相间的物体感兴趣，反而不喜欢花花绿绿的玩具。

随后，孩子开始能看到远处的物体，视线范围不断扩大。

其实，这个时期是父母锻炼孩子视力和认知能力的最佳时期。因为这时孩子会长时间盯着某个事物看，这种专注的精神和注意力，正是孩子锻炼认知能力的基础。

视觉敏感期对孩子具有重要意义

哈佛大学的戴维和托斯特对视觉的敏感期十分感兴趣。他们发现了一个有一只眼睛患有先天性白内障的孩子，在手术成功之后仍然无法复明，于是他们就做了一个模拟实验：同时把一只新生的小猫和一只成年猫的眼皮缝上。经过一段时间后，再将线拆开。实验的结果是这样的：小猫的眼皮在拆线后，眼睛处于失明状态；而成年猫在拆线后，眼睛随即恢复正常视力。为什么同样的情况下，刚出生的小猫会失明呢？这是因为小猫脑内负责处理这只眼睛的视觉信息的神经元不能和其他神经元建立联系，或者说，负责处理失明的这只眼睛的视觉信息的神经元即使与其他神经元建立了联系，也只是帮助另一只眼睛传递视觉信息。

这个实验非常形象地向我们表明：人在早年的某个特定阶段，脑内的神经元需要适宜的环境条件，以便使其与其他神经元发生联系。否则，大脑的发育会受到永久性的影响。由此可见，能否抓住孩子视觉发展的敏感期，是一件关系到孩子能否看到这个世界的大事情。

乔乔的妈妈给乔乔买的婴儿床是可以调节倾斜度的，当乔乔4个月大的时候，妈妈就常常让孩子与地面呈30°角倾斜躺着，这样是为了让孩子能够看到周围环境中更多的事物。

当然，为了锻炼乔乔的视觉能力，除了在她的床头上方挂着一些小玩具之外，妈妈还特意买了一个特殊的洋娃娃。与一般的娃娃相比，这个洋娃娃就像是动画片《大头儿子小头爸爸》中的大头儿子，它的头很大但是身子很小，妈妈常常用这个洋娃娃来教乔乔认识人的五官。比如妈妈会指着娃娃的鼻子对乔乔说："乔乔你看，这是鼻子，妈妈和乔乔都有鼻子，看看，这是妈妈的鼻子。"之后，妈妈就会指指自己的鼻子，然后再指着乔乔的鼻子说："这是你的鼻子。"每当这个时候，乔乔就会一边笑一边"啊，啊"地回应妈妈。

锻炼孩子的视力

1岁前，给孩子视觉刺激的物体不宜过小。

1岁以后，可以给孩子一些比较精细的玩具或物品刺激，因为此时孩子的成像发育已经成熟。

2岁以后，开始阅读并理解阅读的内容，不过还是要父母代为阅读。

3岁左右，可以带孩子到眼科进行视力检测，保证孩子的视力发育正常，如果不正常，应及时矫正和诊治。

视力会影响孩子的一生，对此家长一定要引起重视。在孩子处于视觉敏感期的时候，加强对孩子的锻炼，点亮孩子的未来。

良好的视觉能力对于孩子的未来具有十分重要的意义，拥有良好视觉能力的孩子，他们在日后的生活与工作中，能够观察细微、判断精确、分析明确、记忆牢固、反应迅速，从而在语言文字、书画艺术、科学研究、经营管理等各个领域取得突出的成绩。不过，孩子的视觉能力并不是生来就完备的，而是需要进行科学的训练培养，这样孩子才能看得更清楚、看得更远、观察得更敏锐，为未来的发展奠定坚实的基础。就像例子中乔乔的妈妈一样，随着孩子的成长适时训练孩子的视觉能力，这样才能让宝宝更好地发展。

为孩子提供科学的视觉环境

在1岁之前，孩子除了睡觉之外，都在积极地运用视觉器官观察周围的环境，这个时期的孩子由于心理还没有发育成熟，虽然会有视觉上的需求，但是视觉器官运动不够协调、灵活，绝大多数孩子的视力呈远视型。当他们仔细观察某一事物时，常常会出现一只眼睛偏左、一只眼睛偏右或者两只眼睛对在一起的情况。

因此，为了丰富孩子的视觉感受，大人要把悬挂在孩子床前的玩具经常换一下位置，当然，玩具的体积应该稍微大一点并且最好是伴有声音的。如果孩子正处于视觉敏感期，那么可以在房间中放一面镜子，这是培养孩子视力以及发展孩子认知能力的最好的工具。

陶陶6个月大的时候，妈妈在陶陶的床头挂了一面镜子，妈妈发现，陶陶经常会翻过身去，抬头"欣赏"镜子中的自己。正是因为这面镜子，陶陶翻身以及抬头的能力明显比同龄的孩子要强。

在陶陶7个月大的时候，每当看到镜子中的自己，他都会十分兴奋，并挣扎着要去摸镜子。这个时候，妈妈就会指着镜子里面的孩子对陶陶说："宝贝，镜子里的宝宝是谁呀？我们跟他打个招呼吧！"

当陶陶再大一点的时候,每当抱着陶陶照镜子,妈妈就会这样对陶陶说:"你看,镜子里面的小宝宝的鼻子多可爱呀,你的小鼻子在哪里呀?"当陶陶去指自己的鼻子时,他就会惊奇地发现,镜子里面的宝宝也在指着自己的鼻子。这样的情况多了,陶陶就意识到镜子里面的宝宝就是他自己,并大概了解了镜子的功能。

可想而知,在这个过程中,陶陶的视觉以及认知能力会得到很大程度的发展。所以,在孩子的视觉敏感期,家长一定要利用好镜子这个工具,以此来提升孩子的整体感知能力。

1岁之后,孩子的视觉器官逐渐发育成熟,视敏度也随着孩子年龄的增长而发展。这个时候,爸爸妈妈可以选择一些能提高孩子视敏度、帮助孩子辨认颜色、发展手眼协调能力的玩具和游戏,和孩子玩"什么东西不见了"这样的游戏。这种游戏就是将几种颜色和形状不同的玩具放在桌子上,让孩子先观察一段时间,记住桌子上物品的种类之后,闭上眼睛,这个时候爸爸妈妈可以拿走桌子上的一两件玩具,然后让孩子看看桌子上少了什么,这样可以培养孩子的注意力和视觉敏感度。

第二节 听觉敏感期
—— 喜欢处在有声音的环境中

婴儿一出生就具有听觉能力

刚刚出生的婴儿已经具备了一定的听力。在这一时期，如果家长有意识地对孩子进行听觉刺激，孩子的听觉能力就会迅速提高。

确切来讲，宝宝在母体内就已经能够感受到声音了。例如，他们能感受到声音的强弱、音调的高低，而且他们特别喜欢轻柔的音乐。

很多妈妈都会遇到这样的状况，就是新生的宝宝总是会不明原因地哭泣，不是饿了，也不是尿了，可是孩子就是不停地哭，怎么哄都哄不好，新手妈妈就会对此束手无策。而这个时候，经验丰富的妈妈懂得孩子的心理需求，她们常常会这样做：把宝宝抱起来，并让宝宝贴近自己的左侧胸部靠近心脏的地方，用不了多久，宝宝就会停止哭泣并安静下来。为什么会出现这样的情况呢？

其实，这除了说明宝宝一出生就具有一定的听觉能力之外，还说明宝宝对熟悉的声音有感知。当宝宝还在母体中时，他们的听觉环境就已经非常丰富了，是妈妈有节奏的心跳声、肚子里的咕噜声等伴随着他们成长的。离开母体后，外界这个全新的听觉环境对宝宝来说十分陌生，这常常会使宝宝的内心产生不安情绪，所以他们才会哭泣。而妈妈抱起宝宝，有意让宝宝倾听自己的心跳声时，这个熟悉的声音在很大程度上能够安抚宝宝不安的心理情绪，从而让宝宝停止哭泣，渐渐安静下来。

薇薇两个月大的时候，妈妈在薇薇的右耳旁边10~15厘米的地方摇晃一个小铃铛，这个时候，薇薇的头就会转向右边，接着眼睛就会开始寻找这个发出声音的物体。然后她会盯着这个铃铛看好长时间，妈妈每次都会对薇薇说："薇薇，你看看这是什么呀？妈妈告诉你哦，这个叫作小铃铛，是不是很好听啊？"

在家里如何为孩子提供多种声音刺激

在家里，父母可以有意识地制造有声音刺激的环境，以促进孩子听力的发育。

用玻璃瓶装上半瓶水，拿一只玻璃管向水里吹气，制造咕噜咕噜的声音，模仿羊水的咕噜声，给孩子带来安全感。

在阳台上挂一只风铃，抱着孩子去碰，或者有风时打开窗户，让风铃在风中摇摆。

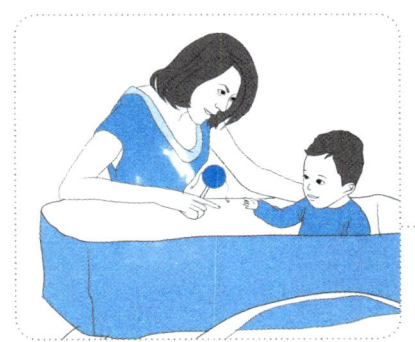

给孩子买一些可以发出声音的玩具，比如拨浪鼓、八音盒等。

当然，父母也可以给孩子放一些轻柔的音乐。其实，家居过程中自然的嘈杂声是锻炼孩子听力的最好课堂。

薇薇看一会儿就觉得不新鲜了，眼睛会转到其他地方，这时妈妈就会在薇薇的左耳边再次摇一摇小铃铛，薇薇的头又开始转向左边，眼睛又重新开始寻找小铃铛。就这样反复几分钟之后，妈妈会让小薇薇休息一会儿。但是妈妈几乎每天都会坚持这样做，希望能够以此帮助薇薇锻炼听觉能力。

拥有正常的听力是孩子进行语言学习的前提和基础。一般来说，听力正常的孩子在4~9个月，最迟不超过11个月大时就已经会牙牙学语了。但是存在听力障碍的孩子由于缺少语言刺激和感知环境，常常不能在11个月前进入牙牙学语期。3岁之前是孩子学习语言的敏感期，如果孩子不能在这个重要的敏感期接受语言刺激，那孩子就很有可能变成一个聋哑儿童。这就足见听觉能力对孩子的重要性。所以，父母必须在孩子生命的最初期就对孩子进行听力测试，以便能及时发现孩子的听觉问题并及时处理，保障孩子具备良好的听觉能力，为孩子将来的语言学习奠定基础。

医院可以为新生儿进行听力筛查，一般宝宝出生72小时后就可以做听力筛查了。也有的父母过于急躁，要求在新生儿刚出生的时候就给孩子做筛查，但是由于分娩过程中新生儿的耳朵里可能还存有未被清除的分泌物，这样就会对筛查结果产生影响。

当然，并不是没有通过听力筛查的婴儿都是有听力障碍的，因为导致新生儿初筛没有通过的原因有很多，就像上面提到的新生儿耳朵中可能有羊水等残留物，或者是周围的环境过于嘈杂等，所以需要在孩子出生一个月后进行复筛。即使新生儿通过了筛查，出生后3年内每6个月也应随访一次。

用科学的方法让宝宝听力更好一点

丰富的居家声音环境是刺激孩子听力发育的天然资源。家人的日常活动会产生各种声音，比如走路声、开门关门的声音、水龙头的滴水声、刷牙的声音、说

话的声音等，所有来自环境的声音对孩子都是十分有益的声音刺激。因此，父母要让孩子有机会听到这些正常的声音，接受来自自然界的这些刺激，而不是将孩子封闭在一个幽静的环境中。

另外，由于孩子还不会表达自己的内心，因此孩子的心理需求家长只能通过对孩子的了解以及孩子的动作等来得知。这个时期的孩子虽然小，但是每个小孩子都是有自己的心理需求的，对于听觉也是一样，悦耳清脆的声音孩子会喜欢，而大声的噪声刺激则会让孩子心情烦躁不安。所以，父母要根据孩子的心理，给孩子提供科学的方法，让孩子的听觉能力更加好一点。

在琳琳3个月大的时候，醒着时就会不停地哭闹。开始的时候，妈妈还以为琳琳饿了，就不停地给琳琳喂奶，但是往往是吃奶后不到5分钟琳琳就又哭闹起来。没有办法，妈妈只好把琳琳抱起来在房间里来回走动，不过这个方法还是挺有效的，每当妈妈抱着琳琳走的时候，她就会安静下来。

但是，只要妈妈把琳琳放下，或者是妈妈走累了站着没有动，琳琳就会又哭闹起来。妈妈心想这也不是办法呀，总不能这样一直走啊，得想一个既轻松又能吸引住琳琳注意力的方法才行。

有一次外出的时候，妈妈给琳琳买了一个漂亮的电子小泰迪狗，身上还穿着衣服，只要捏一下小泰迪的右手食指，小泰迪就会一边晃动一边唱歌，音乐还会变化。于是，每次琳琳一哭闹的时候，妈妈就给琳琳看这个小泰迪，琳琳总是马上就被玩具的声音吸引过去，接着就会盯着泰迪看，还会高兴得手舞足蹈，也就忘记了哭闹了。

自从有了这个玩具，琳琳哭闹的次数明显减少了，妈妈也不用一直抱着琳琳来回走了。

例子中琳琳妈妈的做法就非常科学。对于3个月大的孩子来说，悦耳的音乐和漂亮的物品的确能够吸引他们的注意力。因此，为了训练孩子的听觉能力和视觉能力，家长可以利用各种能够发声的漂亮玩具，比如音乐盒、摇铃、拨浪鼓等，

科学锻炼孩子的听力

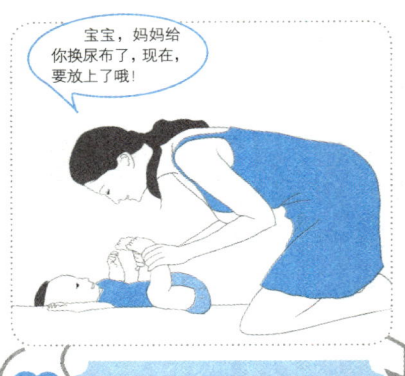

1 家人多和孩子讲话

宝宝,妈妈给你换尿布了,现在,要放上了哦!

特别是妈妈和孩子讲话,可以增加孩子的安全感和满足感。

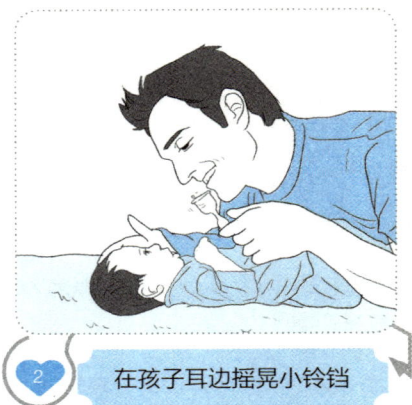

2 在孩子耳边摇晃小铃铛

不过不能太刺耳,要慢慢摇晃出清脆的声音,以此来刺激孩子的听觉。

3 利用各种能发声的漂亮玩具

强调漂亮,是因为孩子听到声音去找的时候,可以同时刺激孩子的视觉,让听觉和视觉协调发展。

4 给孩子机会聆听外面的世界

大自然是最丰富的课堂,能够赐予孩子无限学习和探索的可能。

其实,丰富的声音环境是锻炼孩子听力的最好资源,父母应该尽可能多地让孩子听到不同的声音。

来刺激孩子的听觉和视觉。当然，对于新生儿来说，摇铃和拨浪鼓的声音强度太大，不是很适用，因此新生儿父母要选择声音强度小的物体来刺激孩子的听觉。

另外，对于成年人来说，可以忽略一些嘈杂的声音，并在嘈杂的声音中清楚听到我们希望听到的声音，这是因为成年人具备选择声音和忽视声音的能力，但是由于孩子心理发展不成熟，还不能具备这样的一个能力，因此，在孩子稍微大一点，一般是在孩子1岁之后，随着他们注意力集中时间的延长，家长可以有意识地培养孩子的这种听觉能力，让孩子的听力"更上一层楼"。

比如在给孩子讲故事的时候，把电视机也打开，开始的时候把电视声音调小，等孩子适应这样一个背景音的时候，再把电视声音调大一点，直到与讲故事的声音分贝差不多为止，锻炼孩子这种可以忽视电视声音，选择故事声音的能力。当然，在这样训练的时候也要注意，当孩子被电视的声音和画面所吸引，出现一种烦躁的心理情绪，不能专心听故事的时候，家长要立刻关掉电视，因为在这样的情况下，孩子的注意力不在故事上，如果家长继续讲下去，很容易促使孩子养成不专注的坏习惯。

当然，给孩子听听音乐，或者多带孩子出去感受自然，听一下大自然的声音等，也都可以促进孩子听觉能力的发展。只要父母多关注孩子的听觉，有意识地选择一些科学的方法训练孩子，孩子一定可以提高自己的听觉能力。

孩子更喜欢听"妈妈腔"

什么样的声音能让孩子听得开心？答案是：妈妈的声音。因为孩子是在妈妈肚子里听着妈妈的心跳声长大的，而且在怀孕的过程中，很多妈妈通过与宝宝交谈进行胎教，所以孩子最喜欢也最安心的当然就是妈妈的声音。因此，当妈妈在喂奶、换尿布、洗澡时，别忘了加上语言，这样孩子也比较能配合。在这种交流中,孩子与妈妈就会产生互相依恋的感情,孩子的心理也比较有满足感和安全感。

另外,妈妈在与孩子讲话的时候,声音最好能清晰、优美,语调也要抑扬顿挫,这样才能引起孩子的兴趣和注意力。所谓"妈妈腔",就是指一种被很多妈妈发现和使用,并能促进孩子听力能力以及智商提升的说话腔调。对于孩子来说,当人们用"妈妈腔"来与他们讲话的时候,他们就会感到亲切,很容易得到心理的满足。这对于3岁以下孩子的语言发展、大脑发育、心理成长等都有重大意义,所以,妈妈在与孩子进行交谈的时候,可以尽量多使用这种语调。

依依从出生开始都是妈妈在带她,在依依还不会说话的时候,妈妈就经常和依依"交谈",当然是只有妈妈自己说了。刚开始几个月的时候,每次给依依吃奶,妈妈就会说:"依依,吃饭喽,吃饭。"在换尿布的时候妈妈也会告诉依依:"依依,抬屁股,好的,现在放下喽。"就这样,无论做什么,妈妈都会告诉依依。后来大一点之后,虽然依依还是不会说话,但是已经能对妈妈说的话给出回应了,妈妈笑着逗她的时候,她也会咯咯地笑了。

依依说话的时间比较早,在9个月的时候已经开始说简单的一个字了,在1岁的时候就会喊很多称呼,在1岁半的时候,已经完全和小大人一样能和妈妈对话了。当然了,她们的对话在外人看来十分幼稚,但是母女两个却十分开心。依依见到什么都会问妈妈,那天见到一个洒水车,依依第一次见,就指着洒水车问妈妈:"妈妈,车,什么车?"妈妈说:"这叫洒水车,洒——水——车。"依依马上就开始对着别人说:"看,这是洒水车。"

其实所谓的"妈妈腔"就是说话的时候要考虑到孩子的年龄,了解他们的心理发展水平,知道他们大概可以理解什么样的语言,并在说话的时候能够抑扬顿挫、字正腔圆,这样孩子才能听得清楚。当然,由于孩子的理解能力还比较弱,所以妈妈在说的时候,要尽量慢一些,多重复一下,让孩子慢慢理解,这样孩子在听清楚并理解之后,就会有意识地开始模仿大人说的内容,从而不仅提升了孩子的听觉能力,还能促进孩子语言能力的发展。

也有人会觉得，这样的"妈妈腔"的语言有些太过幼稚，会让孩子养成不良的说话习惯。

其实，这个观点是错误的。"妈妈腔"与那些幼稚的儿童语言是有区别的。幼稚的儿童语言可能会故意把"是的"说成"系的"，把"盘子"说成"盘儿"等，这的确是一种不良的说话习惯。但是"妈妈腔"是把复杂的话说得简单一点、说得亲切一点，它的主要作用是易于孩子理解、接受，并引起孩子的倾听兴趣，还能够促进孩子的听觉能力以及语言表达能力的发展。所以，"妈妈腔"只会促进孩子整体智力和心理的发展，并不会让孩子养成不良的说话习惯。

"妈妈腔"的特点

小孩子都喜欢大人用"妈妈腔"和他们说话，那么"妈妈腔"有哪些特点呢？应该怎么说呢？

当然，这个年龄的孩子还不能理解抽象的东西，比如说"想"、"喜欢"等字词的意义，因此在说话的时候应尽量说一些具体的内容，而不说孩子不能理解的抽象的内容。

第三节 口腔敏感期
—— 开始用口认识外部世界

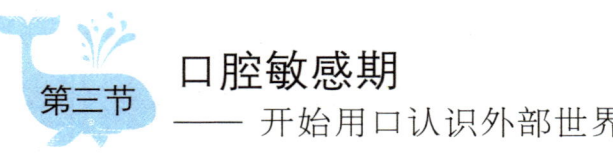

解读孩子的口腔敏感期

孩子的口腔敏感期在半岁左右来临,他们首先要使口的功能建立并独立起来,其次才用口来认识世界。到了这个时候,孩子由于心理上的好奇的需求,就会热衷于用口去品尝、感知事物。这个过程不单单是用口吃东西,满足生理上的需要,孩子还会用口去感知遇到的食物,以此认识食物,积累感觉经验,从而满足自己心理上的需求。

青青出生已经3个月了,最近,这个小家伙突然对自己的手很感兴趣,没事就把手放进自己嘴里不停地吸,就好像手上有蜂蜜一样。有时,由于衣服穿得太厚,青青没有办法把手伸进嘴里,她就会急得"哇哇"大哭,当爸爸妈妈把她的小手帮着她放进嘴里的时候,青青就会很高兴、很满足地手舞足蹈起来。

妈妈觉得这样吃手实在是有些不卫生,就会在青青的手里放一些比较容易抓住的橡皮玩具,但是青青拿过去之后不是扔了然后继续吃手,就是直接把玩具也放到嘴里吃了起来,这往往让妈妈感到十分无奈。

在青青大一点之后,可以自己拿起玩具的时候,就完全成了一个小小的"吃货",当然,她并不是饿了,也不是馋了,因为妈妈给她饼干、水果之类的东

西，她并没有吃到肚子里，而是一直放在嘴里，过一会儿就会吐出来。玩具也是一样，不管拿起什么，看都不会看一眼，直接放在嘴里。妈妈总是跟别人抱怨青青这样做很不卫生，但是后来才知道，不只是青青会这样，几乎这个年龄的小宝宝都这样"爱吃"。

除了这些年龄小一点的孩子之外，我们还会观察到，部分2岁的孩子在咀嚼一些食物（比如馒头、面包或者比较硬一些的水果）的时候，口型和咀嚼方式很像老年人，牙齿无力。显然，2岁以前他们吃的食物几乎都是稀软的。在长牙的敏感期，应该给孩子提供较硬的食物让他们练习咀嚼，他们常常会嚼了吐，吐了又嚼，但从不咽下，有时会被卡住，但孩子会自我调整。

孩子口的"功能"

很多能力都是孩子在以后慢慢学会的，但是口却是孩子一出生就会用的，所以口是孩子连接自己与这个世界的最自然的通道。

把手唤醒

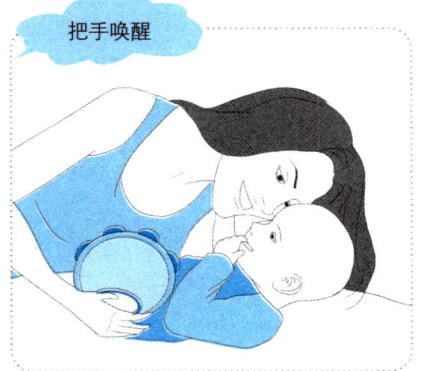

孩子通过吮吸来感知手的存在，然后把手唤醒，再用手和口来认识世界。

用口去认识世界

孩子在口腔敏感期时什么都"吃"，然后感受"软"、"硬"以及各种味道，从而逐渐认识世界。

在2岁之前，孩子会把自己大部分注意力都放在口上。但随着年龄的增长，孩子的手以及其他器官也会出现敏感期，到那时，孩子用口探索世界的方式就会悄悄退居二线了。

为什么孩子这样"爱吃"呢?其实孩子的这种行为实际上是在证明他们已经进入了口腔敏感期。所谓的口腔敏感期,是指孩子通过口来认识周围的世界,并构建自己的大脑和心理世界的那段时期。一般来说,大多数孩子的口腔敏感期都会出现在0~2岁这一阶段,婴儿首先要使口的功能建立并独立起来,其次才用口来认识世界。

口腔敏感期过渡时间的长短跟所提供的满足条件有关。口腔敏感期时物质严重得不到满足的孩子就会去抢别人的食物,随意拿别人的东西,捡掉在地上的食物,注意力固定在食物上而无法学习。如果父母不了解孩子的这一敏感期,常常会阻止孩子的探索行为,那么孩子的这一敏感期就会持续很长一段时间,即使到了三四岁,孩子还是会常常偷偷地把物品放到嘴里尝一尝。所以,当家长发现自己的孩子进入了口腔敏感期或者孩子尚未顺利度过这个敏感期的时候,一定要为孩子提供自由选择和享用食物的机会。

用嘴巴"尝尝"这个世界

几个月大的孩子都会开始不断用嘴来品尝这个世界,开始吃各种各样的东西,无论是什么,只要能够拿到自己的嘴边,他们就会毫不犹豫地放到嘴里品尝一番。我们大人常常无法理解孩子究竟在干什么,这些东西既然不能吃,那么能给孩子带来什么感觉呢?孩子真的是在用嘴认知吗?在大人看来,东西无非是能吃的和不能吃的、有味的和没味的,或者是软的和硬的等,只是这样的区别而已。但是对孩子来说,他们正是用这样的一种方式来感觉他们口腔的各种能力、口的部位以及口的极限。与此同时,孩子心理上也在体验着他周围的世界,在学会选择他究竟能够把哪些塞进他自己的嘴里,建构只属于他的自我世界。

小浩浩已经有10个月大了，当他自己坐在一个地方时，只要周围堆上一堆玩具，他就可以玩很长时间。他并没有拿起玩具来观察或者摇一下，总是不停地往嘴里放。他品尝完积木又抓起了橡皮鸭子，然后是塑料圈，就算是铁制的玩具也一样要放到嘴里咬一咬，尝一下。对于沙发上的东西也不会放过，就连垫子他也趴下咬一下，沙发扶手那里都是他留下的咬痕，对自己的手更是不会放过，仿佛是最好吃的糖果一样，总是津津有味地放在嘴里咬，当然还有脚，这要庆幸孩子的身体比较柔软，让他可以轻易吃到自己的小脚丫。

每次在"品尝"这些东西的时候，浩浩都是将整个身心投入在口上，好像别的东西是不存在的，似乎要把所有的东西全部塞进自己的嘴里。实际上，浩浩已经这样好几个月了，无论他抓到什么，都会先放到嘴里尝一下。

满足孩子口腔的需求

处于口腔敏感期的孩子什么都吃，捡个垃圾也会放到嘴里尝一尝。对此，家长只能这样做：

准备一些可以让孩子咬的玩具，将玩具洗干净后让孩子尽情咬。

尝试转移孩子的注意力，比如，与孩子一起玩小游戏，或者给孩子吃一些食物或水果。

孩子正在用口去认识各种事物，完全让孩子不乱吃是不可能的，父母只能尽量保证孩子入口的东西是干净卫生的。

像浩浩这样持续几个月"爱吃"的过程，就是孩子的口腔敏感期。当孩子出生时，他所能够使用的器官就是他的口、眼睛和体感。尽管他刚一出生就进入了视觉的敏感期，但科学家认为孩子的视觉并没有达到完善，他看到的世界是模糊的，而口不一样，他刚出生时就能熟练地使用，口是他连接自己和这个世界的最自然的通道。最初孩子仅仅是用口认识手，发展到后面，孩子会用口认识周围所有的一切，什么东西都往嘴里放。这个过程也健全了口的功能。孩子这样做并不是因为他不知饥饱，仅仅是因为孩子是用口来认识世界的，直到手被完全地唤醒，手的敏感期的到来，又帮助和加快了口的敏感期的发展。直到孩子无处不在地触摸，口的敏感期就会过去了。

我们可能永远都无法知道这些体验究竟可以给孩子带来什么样的心理感受和认知，但是我们却可以知道几乎全世界的婴儿都是通过这样的一种方式和过程走向我们这个可以触摸的世界的，他们用口打开这个世界的大门，用口和这个世界建立亲密的关系。这样的一个过程，对婴幼儿的心理发展是必不可少的，是生命的初始。没有这个阶段，未来的成长就会有很多的缺憾，而这个敏感期的持续时间为一年左右，经过这一年的时间，物质世界的大门就会被孩子用口打开，这也为孩子伸出双手迎接世界做了一个最早期的准备。

什么东西都喜欢放到嘴里

这个阶段的孩子，不光把能吃的东西塞进嘴里辨别哪一个是自己喜欢吃的，当他们会爬的时候，还会把寻找到的不能吃的东西塞进嘴里。这不是因为他们生理上的饿，而是他们在利用口来感受这个事物，从而了解这个事物，满足自己心理的需求。所以，我们要明白，对于这个阶段的孩子来讲，口不光是获取食物的器官，也是探索外部世界的器官，直到有一天他们的手部功能被唤醒以后，他们才开始用手去探索世界。

哲哲最近真是让爸爸妈妈头疼不已，由于哲哲的妈妈是名医生，因此在平常的生活中非常注重哲哲的卫生，但是这两个多月来，哲哲总是把任何东西都往嘴里放，前一阵子他开始吃手，妈妈就把他的手拿开，让他玩玩具，结果现在哲哲又开始喜欢吃别的东西了。家里的玩具都是带声音的橡皮玩具，哲哲抓起一个来吃得津津有味，连口水都出来了。不只是自己的玩具，现在哲哲会自己爬了，就经常捡一些东西来吃。妈妈把洗了的水果都放在果盘中，哲哲抓起一个橘子就开始啃，可能是前面的两颗小牙咬开了一点，觉得很难吃，就扔掉橘子开始抓葡萄吃。这些东西还好，更让妈妈无法接受的是，哲哲不管东西能不能吃都往嘴里

正确面对孩子的吃手行为

孩子处在用口探索的敏感期，吃手是很正常的，这是孩子的一种自然表现，父母不必过于担心。

1 允许孩子吃手

如果不让孩子吃手，处于口腔敏感期的孩子就无法得到满足，这会影响孩子的人格以及智力发展。

2 不要吓唬孩子

有的父母用语言吓唬孩子，孩子就会由此产生恐惧情绪。

有的孩子到4岁还在吃手，这都是正常现象，只要不是因为压力过大而造成心理问题的，父母大可不必担心孩子的吃手行为。强行改变孩子的吃手行为对孩子的成长是不利的。

放，在沙发上放着的卫生纸，哲哲也放到嘴里，在茶几下面的扑克牌也拿起来咬一下，有一次还把自己的鞋弄掉了，结果也逃不过他的嘴巴。每次被妈妈夺下这些东西的时候，哲哲立刻就顺手抓起最近的东西往嘴里放，让妈妈无可奈何。

妈妈为了防止哲哲生病，只好不断给哲哲洗手，把哲哲的玩具洗刷、消毒。反正阻止是没用了，只好放任自由了，这下哲哲可吃得欢了，每天都在各种"吃"，妈妈的衣服、沙发上的垫子等统统不会放过，真是让妈妈防不胜防。不过，这样的行为持续到哲哲快1岁的时候就停止了，不用妈妈阻止哲哲自己就不吃了。看到这个过程总算是过去了，哲哲的妈妈也松了一口气。

其实，这就是哲哲的口的敏感期，不断阻止孩子吃，就会妨碍到孩子敏感期的发展，从而造成遗憾。当然，有关专家发现，很多孩子的敏感期因为孩子的年龄已大而不再出现，但有的敏感期却总是要出现的，比如口腔敏感期，孩子在小的时候被父母阻止了吃手或者乱吃东西，导致孩子在2岁多的时候，又重新开始乱吃。因此，我们并不提倡用阻碍的方式来帮助孩子度过敏感期，因为用口来唤醒孩子身上其他部分功能的可能性已经消失，无法弥补了。

父母只有满足了孩子口部的各种欲求，孩子的心理就是安全的，就会认为这个世界是可以信任和依赖的，人格就能顺利发展。孩子口的敏感期一般持续到2岁左右，如果2岁以后，孩子还是不断吃手、乱往嘴里塞捡到的东西，可能是由于父母没有充分满足孩子口的欲望，也可能是孩子生活不开心压力太大所致。

如果出现上面这种情况的话，父母就应该引起重视，多关注孩子的行为和心理，了解孩子的需求，在孩子重新出现口腔敏感期的时候，一定要满足孩子的心理需求和生理需求，多给孩子"品尝"的时间和空间，也尽可能多地给孩子提供一些可以放到嘴里的物品，让孩子多用嘴来探索世界，从而顺利度过这一敏感期。

喜欢吃手的孩子

孩子进入口的敏感期后，在这一阶段，孩子心理上需要一定的安全感，而吃手等行为就可以满足婴儿的这一心理需求，因而这个阶段的孩子变得喜欢啃手、啃脚。这在一些父母看来是很不卫生的，于是他们就把孩子的手拿出来，往孩子手里塞一些有声响的玩具，可是不一会儿，孩子就把玩具扔到一边，又开始吃起手来，仿佛是什么人间美味一般。

其实，孩子处于口的发育的敏感期，吃手、啃脚既是寻求自我慰藉的玩耍方式，也是以此认识身体、唤醒身体、熟悉身体的一种方法，更是他的一种活动方式。所以，当父母没有满足孩子口的敏感期的需要的时候，在以后的某个时间段，孩子总是会产生这种需要。到那时虽然能够弥补孩子的吃手的需要，给他以安慰，但是却无法弥补孩子利用口来完成对这个世界的认知的缺失。

吉吉刚刚6个月，最近妈妈发现吉吉非常喜欢"吃"各种东西，倒也不是真的吃进去，而是只要可以到嘴边的东西，他都不会放过，都要放到嘴里尝一下。吉吉躺在床上，妈妈在旁边看着吉吉，发现吉吉先是用一只手的手背不停地轻轻拍打自己的嘴唇。接着把拇指塞进嘴里吸吮，几分钟后又把食指也塞进去吸吮，就这样，一个手指一个手指地都放在嘴里吸吮一遍，后来直接啃自己的小拳头。整个过程吉吉的表情都十分放松，好像是在干一件正事一样。妈妈知道这是孩子口的敏感期到来了，所以也没有打扰吉吉的探索。吃了十多分钟的手之后，吉吉满足地睡觉了。

每天下午妈妈都会用婴儿车推着吉吉到附近的公园去玩一下，让吉吉多接触一下世界，但是吉吉似乎并不感兴趣，而是专注于吃手。走在路上，吉吉也是一直含着自己的大拇指或者食指，两只手轮换着吃。有时会碰到一些熟人，妈妈就会停下来和别人打招呼，大家都喜欢逗一下小吉吉，但是吉吉并不理别人，还是

正确面对孩子的吃手行为

有的孩子两三岁时还吃手,这很有可能是因为压力过大造成的心理问题,此时就需要家长帮孩子纠正这一行为。在纠正孩子吃手的问题时,一定要注意以下几点:

1 不能用粗暴的手段

简单粗暴的阻拦,甚至动用惩戒,那是治标不治本的,很有可能会使孩子出现其他问题。

2 满足孩子的情感需要

平时多抱抱、多陪伴孩子,增强孩子内心的安全感,孩子抵抗压力的能力就会增强。

3 把手替换下来

当孩子吃手时,给孩子一块饼干或者一些水果,或和孩子一起玩玩,尽量不让孩子闲着,孩子就想不起来吃手了。

当然,如果孩子在更小的时候,正处于敏感期,这属于单纯的吃手行为,父母就不必特意给孩子纠正,一般过了敏感期孩子自己就不会吃手了。

在吃手,有的阿姨就会说吃手太脏了,把吉吉的手拿下来,吉吉就会立刻大哭起来,无论怎么逗他都不笑,直到把他的手再放到嘴边,他立刻停止哭泣,开始吸吮自己的小手。

好在吉吉的妈妈早前读过一些介绍孩子敏感期的书籍,因此了解孩子什么阶段会出现什么样的敏感期,在这期间会有什么样的心理,以及会表现出什么样的行为,所以并没有过多阻止吉吉的自由发展。在这样的状况下,吉吉吃手的活动一般都是会顺利进行的。

著名育儿专家秦锐说,这个阶段的孩子吃手,只有好处没有坏处。吃手可以训练他手眼的协调能力、培养孩子的自我认知能力和运动能力,同时给孩子心理上的慰藉。

口不仅仅是用来进食的,它在孩子发育的早期还肩负着一个重要的使命,就是用它来唤醒身体的其他部分,并且用它来认识外在世界。而手,就是孩子用口来唤醒的,在唤醒了手之后,孩子就会开始用手探索世界,从而进入手的敏感期。

孩子喜欢张口就咬

很多家长发现一些2岁左右的孩子出现用口腔,也就是舌头、牙齿探索环境的敏感期,这个口腔敏感期原本应该在2岁之前完成,之所以拖到2岁以后(当然,也有一些孩子是在2岁之后开始出现),都是因为之前孩子在口腔敏感期时没有得到很好的满足,孩子在弥补这一敏感期。这个时候,父母应该注意使孩子顺利补上口腔的敏感期。

有一天俊俊午睡完之后,妈妈就带着俊俊到楼下去玩,好几个跟俊俊差不多,也就是2岁左右的小朋友都在玩,可是没玩一会儿,其中一个叫月月的小朋友

就大哭起来，原来是俊俊把月月的胳膊咬了一口。俊俊满脸的歉意和恐惧，语无伦次地为自己辩解，说是为了一个玩具吵了起来，月月不给俊俊玩具，俊俊就咬了月月。

妈妈觉得很奇怪，俊俊是一个比较乖巧、语言表达能力也比较强的孩子，平时在和其他小朋友玩的时候也并没有什么侵犯性的行为，这次为什么会咬月月呢？妈妈解决完两个孩子的矛盾之后也陷入了深思，仔细想想，最近俊俊确实有

面对爱咬人的孩子该怎么办

尽管孩子处于口腔敏感期，但是对于孩子的咬人行为也不能置之不理，父母要怎么做呢？

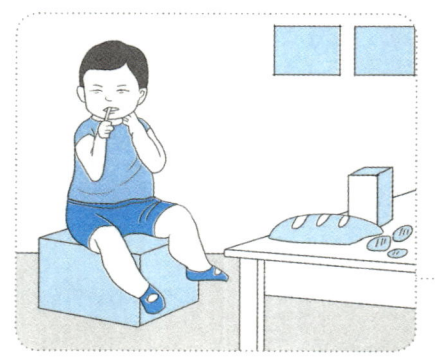

1　满足孩子口腔的味觉和触觉

给孩子一些软硬不同的食物，让孩子尽情去感受。

不要训斥和打骂孩子　2

孩子还没有自控能力，也许咬人只是出于好感，父母的训斥和打骂会给孩子留下阴影。

"哭什么哭，咬人还有理了啊？"

孩子爱咬人，归根结底还是因为孩子正处于长牙齿的敏感期，这个时期，孩子的牙床会感觉很痒，父母只要给孩子提供一些较硬的食物，就能很大程度上避免孩子咬人现象的发生。

点奇怪,前几天还看见他在咬家里的沙发,把沙发都咬了一个洞,当时爸爸还教育俊俊了呢。而且现在俊俊总是会咬爸爸的胳膊,妈妈抱着他的时候,也会咬妈妈的肩膀,有时只是轻微地咬一下,妈妈一说,俊俊就停止了。但是家里的东西却没有这么好的运气,很多橡皮的玩具都被俊俊咬坏了呢。

妈妈猜想孩子应该是到了口腔的敏感期,俊俊的妈妈就格外注意俊俊的行为,在出去玩的时候,总是密切关注,生怕俊俊再咬了别的小朋友。在家里的时候,妈妈也经常会给俊俊各种食物,希望多锻炼他的口腔。俊俊这样持续了一段时间后,自己就不再乱咬了,而是开始痴迷上了捡东西。妈妈知道,俊俊的口腔敏感期过去了,希望这次没有给俊俊造成遗憾。

很显然,由于妈妈或者其他家人的过度保护,忽略了俊俊的心理需求,没有让其心理得到满足,从而让俊俊的口腔敏感期迟了很久,于是他就通过"咬人"这种方式来弥补自己落后的口腔敏感期。在孩子弥补敏感期的时候,父母一定要多加注意,给孩子提供一些可以咬、尝的东西,比如橡皮圈,各种软硬度不同的食物,干净的、不同质地的物品等,以满足孩子口腔对味觉和触觉的需求。这样,在家长的关注之下,孩子便可顺利度过这一阶段,而不是总是去咬别人。

当然,这个时期孩子咬人并不是有意地去咬人,这和有意用牙齿攻击别人是有本质的区别的。因此,也不要过多地责怪孩子,而是要适当帮助孩子,理解孩子的心理需求,给孩子提供更好的环境。很多孩子在2岁的时候都会出现"咬人"的现象,就算给他们橡皮圈,似乎效果也并不好,孩子会觉得橡皮圈不好咬,只有咬人,也就是咬人的皮肤才会感觉好。咬皮肤似乎能让孩子很快得到心理满足,并让孩子迅速度过这个时期。然后,孩子就会出现高度的宁静和下一步智能的需求。

第四节 手的敏感期
—— 用手探索环境、感知世界

解读孩子手的敏感期

孩子的手是被口唤醒的，也就是说，孩子在吃手的时候，会根据行为产生不同的心理，在这样的心理的作用下，孩子会逐渐认识到手的能力。比如，手可以把自己想要的东西带到眼前，可以把自己想吃的东西送到嘴边，还可以感受不同质地的东西是软的还是硬的，还可以拉住妈妈的手，伸手让妈妈抱抱等，这些都给孩子带来了心理上的好奇，从而便开始从口的敏感期转到手的敏感期。

手是孩子在3岁之前认知的重要部位，虽然孩子可以进行爬、走等活动，但是这都是一些比较低级的行为模式，更多的认知是通过手来实现的，因为手有认知的功能和记忆的能力，还有代替语言表达的能力。孩子很多的心理活动和想法都可以通过手来传达，而父母也可以通过孩子手传递的信息去了解孩子的心理活动。

瑞瑞最近真是让妈妈十分头疼，他的小手似乎总是闲不住，非要捣乱才行。妈妈喂瑞瑞吃饭，以前都是十几分钟就完成了，现在半个小时也吃不完，因为瑞瑞总是抢妈妈手里的碗、筷子、勺子，然后自己吃。可是，真的让他自己吃的时候，他怎么可能会认真地好好吃饭呢，总是拿着餐具玩起来，然后把东西都放在

一边,直接伸手用手抓着吃,把饭菜弄得满桌都是,最后瑞瑞还笑嘻嘻地开始捡起来吃。

除了吃饭,对各种食物和水果瑞瑞都不会轻易放过。瑞瑞非常喜欢吃西红柿,妈妈都是买一些来让瑞瑞生吃,可是瑞瑞哪里是吃呀,直接用手抓得稀巴烂,有时妈妈一不留神,瑞瑞就把一方便袋的西红柿都抓烂了,气得妈妈直跺脚。

不过这些都还好,最让妈妈无奈的是瑞瑞非常喜欢捡东西,不只是家里的东西,还有他的玩具,外面的东西也常常被瑞瑞捡回来,其中不乏一些垃圾。只要是瑞瑞感兴趣的,他统统捡回来,还当宝贝一样,不准妈妈给他扔掉。不过他自己都会分辨一番,有些看看就自己扔了,可是有些东西他可不管干不干净,直接放在嘴里尝一下,然后再龇牙咧嘴地吐出来。妈妈觉得这样非常不卫生,会让瑞瑞生病的,因此没少批评瑞瑞,可是这似乎并没有什么作用,瑞瑞每次出门都会捡很多的东西。

当然,有些瑞瑞感兴趣的东西并不是别人扔掉不要的,而是别的小朋友正在玩的或者正在吃的东西,瑞瑞就一声不响地直接去抢过来,让妈妈十分难为情。家里只有这一个孩子,只要是瑞瑞要的东西,都会买给他,可是就是这样不缺吃不缺穿的孩子,还是去抢别人的东西,这究竟是怎么一回事呢?

很显然,例子中的瑞瑞正处于手的敏感期。当手的敏感期到来的时候,孩子口的敏感期还存在,因此才会出现瑞瑞这样的情况:捡了东西尝一下,再吐出来。当然,由于要发展手的能力,认识手的功能,孩子会在这样的一种心理下开始不停地做出各种各样的动作、触摸各种物品,而手的活动范围越大,特别是孩子在爬、走的时候,可以拿到手里的东西就会越多,当然,其中也有很多会进入孩子口中,因为同时孩子有可能还处于口的敏感期。孩子对于能不能吃、干不干净并没有什么概念,也不清楚其中的界定,因此很容易把脏东西放进嘴里。因此,需要父母对孩子看得细致一些。

尤其是在孩子发现了新东西,却还判断不出是什么东西、做什么用,而自己又有十分好奇的时候,孩子就会用自己熟悉的方法——用嘴啃啃,用牙齿感觉一下，再看一看。这个过程是习惯化与去习惯化的更替，可能会频繁出现，家长也要多留意一下。

发展孩子的手部功能

感觉是认知的重要方式，孩子就是通过手部皮肤、肌肉、关节等的感觉，来实现对事物的认识和促进神经系统的发育的。那么，父母怎么做才能陪伴孩子顺利度过手的敏感期呢？

给孩子抓、摸的机会

不管孩子是在抓衣服还是在捏水果，父母都要耐心地让孩子去感知。

引导"小强盗"

如果孩子爱抢别人的东西，不要打骂孩子，而是要教给孩子正确的解决办法。

改变"打"的行为

有时孩子打人只是在打招呼或表达情绪，这时父母可以教给孩子正确的表达方式。

只要父母耐心引导，孩子就会得到更好的发展，这对孩子的探索认知和心理成长都会有积极的意义。

用小手触摸世界

只要有可能,孩子就会抓捏一切到手的东西,果酱、面条、香蕉、鸡蛋、泥巴……在餐桌前,孩子也不会消停,对各种食物充满了好奇,当然不是因为好吃,而是可以用手各种拿捏。

从心理学角度来看,八九个月的幼儿非常喜欢抓捏软的物体,手的活动不只是手的活动,而是有着智能的目标。成人常常因为担心或者无知,不了解这个时期孩子的心理,从而给孩子设置了很多障碍,剥夺了孩子用手的自由,也剥夺孩子认识世界的机会。

在孩子童年时期锻炼孩子的用手能力非常重要,我们常常会看到很多成年人不会用手或者很笨拙,不会拿筷子、不会按键、不会用手指夹围棋子、不会点钞、不会拴绳索等,这些都和他们童年时期在这方面的发展受到阻碍有关。可见,父母了解孩子的心理发展过程,根据孩子的心理发展给孩子提供适宜的环境,让孩子充分得到锻炼,这是十分必要的。不要认为孩子是在调皮,也不要因为担心孩子会把衣服弄脏而拒绝让孩子自己动手。

在豆豆6个月大的时候,妈妈给豆豆剥了一个橘子,豆豆用胖胖的小手把一瓣橘子送到嘴里,可是,接着就吐了出来,可能觉得不好咬。豆豆把那一瓣橘子放在手里观察了一会儿,然后用手剥开了橘子膜,果汁流了出来。豆豆似乎猜到了这个像水一样的东西味道不错,于是又把那瓣橘子放进了嘴里。果然,小家伙眉开眼笑了。

从豆豆8个月大开始,豆豆就开始尝试着自己吃饭,因为每次妈妈喂她,她都似乎不太高兴,干脆就让她自己吃了。当然,豆豆还不会使用勺子、筷子等餐具,都是直接捧着碗或者干脆用手抓着吃,这样豆豆倒是可以开心地吃完整顿饭。不过,每次也是会吃得身上到处是饭菜,几乎是从头到脚。

如何应对孩子乱丢东西

孩子乱扔东西在手敏感期是很常见的，但是为了减少麻烦，父母还是要想出一些对策。

给孩子不易损坏的玩具

可以给孩子准备一些毛绒玩具、橡胶玩具等不容易损坏的玩具。

不要给孩子食物

在孩子吃饱之后就把食物拿走，一来食物不好收拾，二来也可以避免对食物的浪费。

不要马上收拾

如果马上捡回来，孩子还以为是和他玩游戏呢，就会扔得更起劲，所以，不要马上捡，等孩子都扔完再捡。

另外，父母要把家中比较贵重的物品，像手机、手表等放在孩子够不到的地方，不能什么都给孩子扔。

到豆豆9个月大的时候,正好是夏天,各种应季水果开始上市,草莓、西瓜……这下可忙坏了豆豆,每每吃水果都要伸手主动要求自己吃,用手抓得到处都是,虽然吃到了嘴里,可衣服也是直接变了个颜色,脸上也好不到哪里去,有时连额头上都是果肉或者果汁。但是,豆豆的妈妈觉得孩子开心就好,正好可以锻炼手。现在才一岁多一点的豆豆已经学会自己剥香蕉皮和鸡蛋壳了,这都得益于从小就用手。每次豆豆剥皮的时候都非常专注,认认真真剥完,就会开心地笑起来,吃的时候也格外香呢。

孩子在八九个月大的时候,小手非常喜欢抓捏黏稠和软的东西,比如面条、草莓、香蕉、蛋糕等。反复抓捏之后,再放到嘴里品尝,这是孩子在这个时期最喜欢做的事情。黏稠的东西比沙更容易被儿童抓捏住,并能在孩子的抓捏之下改变形状,这让孩子十分新奇和兴奋,满足了孩子探索的心理需求,这也是一种智能活动。

儿童行为心理专家说过,孩子的智慧在手指上。我们知道,大脑的神经通路包括来自皮肤的浅部感觉和包括来自肌肉、肌腱、关节的深部感觉。这些感受器受到刺激之后,向上传导到大脑皮层,促进了脑部突触和神经纤维的增长和彼此的连接,使大脑回路增加,区域脑功能提高。而手正可以感知、多接触物体的刺激。所以说,手部活动越多,越能促进大脑发育。

重视孩子手的敏感期

感觉是认知的重要方式,孩子就是通过手部皮肤、肌肉、关节等的感觉,来实现对事物的认知和神经系统的发育。

孩子的身体是一点一点被唤醒的,在还不会爬、不会走路的时候,手就先被唤醒了,因此,这个时候孩子的很多感知都是通过手来传达的,对于世界的探索也是

通过手和口来实现的。在孩子小的时候，还不能用语言很好地表达自己的心理活动和自己的想法，这个时候，手就成了孩子表达的途径和方法。

润润在出生后的头两个月里，总是不断地把手放在嘴里，似乎每一天都在持续这个动作，刚开始的时候，润润并不能准确地将手放进嘴里，而且还会用指甲划破自己的额头，看上去十分懊恼，但是只要手能顺利伸入嘴里，润润就会十分满足。

经过无数次这样的尝试之后，润润可以准确把手放到嘴里了，手的敏感度和准确度也大大提高。在之后的时间里，妈妈发现润润用手拿东西的能力在迅速增强，有时妈妈去抱润润，他就会顺势拿起一个东西放到嘴里，妈妈都没有发现。这个时候的润润喜欢五根手指一把抓，拿住一样东西再松开，再抓紧，再松开，或者把那个盖子来回盖上去、拿下来，这样的一个简单的动作就可以玩上一个小时。

几个月之后，润润又喜欢用两根手指抓东西了，这个时候他已经可以抓住一些比较细小的像纸屑、毛线头等东西了。再经过一段时间，润润的手已经可以做一些高难度的动作了，比如把吸管插进牛奶盒里，或者把圆珠笔插进笔帽里面。当然，这不是一次就能成功的，而是反复插进去、拿出来、再插进去……润润总是乐此不疲。

现在的润润可以靠一根手指就能做一些动作，还喜欢上了捏香蕉、草莓等软的、黏糊糊的东西，每次都十分认真，做成一件"大事"之后就会十分开心。润润现在只要见到方的东西就去按，见到圆的东西就去拧。不仅如此，当他的腿可以带动他走路的时候，他就到处翻家里的东西。有一天，润润发现了厨房里的大米袋，里面的大米引起了润润的兴趣，他开心地用手把大米抓起来，运送到别的地方，然后再返回厨房抓大米，就这样运送了十多分钟。大米也被润润撒到了房间的各个地方。在整个过程中，妈妈虽然很想阻止润润，但是都忍下来了，希望让润润可以自由感知这个世界的神奇。

事实上，如果一个人想要把自己的想法表达出来，那么可以通过使用自己最便捷的工具——语言和手。要想实现和完成自己的想法就必须使用自己的手，而

且必须训练自己的手来准确表达自己的心理和想法。手的肌肉具有记忆和认知的功能。润润在这段时间里就是完成了一个对于孩子来说具有创世纪意义的工作——唤醒身体,而首先唤醒的是身体中最主要的部分,也就是手。

手是人体最重要、最智慧的工具,表现在孩子身上,甚至可以这样说:儿童

重视孩子手的敏感期

在孩子手的敏感期,孩子通过手的使用来协调大脑和身体之间的关系,同时孩子通过手来发现这个外在的世界,建构自己内心的世界。

1 协助口探索外部世界

通过口的吮吸或啃咬手,把手唤醒,然后手口配合探索世界。

2 锻炼反应敏捷度

手指的灵活性与孩子的反应敏捷度有很大关系,所以要有意识地开发孩子手的潜能。

3 手部精细动作促进智力发育

引导孩子去找一些微小的物品,这对孩子的视觉是很好的锻炼,而且通过协调动作,还能促进其智力发展。

是用手来思考的,手的自由使用不仅表达了儿童思维的心理过程,也表达了儿童思考的整个心理过程,禁止儿童手的活动,就相当于禁止了儿童的思考。

如果父母长期阻止或者替代孩子的自主行为,会使孩子感到很痛苦,并认为自己的痛苦来源于父母,这样孩子和父母的感情就会受到破坏。心理学家皮亚杰说:"心理发展源于动作,动作产生认知。"不要怕孩子好动,只有多动,才能打开孩子认知的通道,使孩子实现对自己、对世界的认知。

孩子似乎总是见人就伸手打

孩子打人也是敏感期的一种正常的表现。孩子打人,可能是为了吸引父母的注意力,也可能是自己太兴奋而无法控制自己,也可能是孩子想用肢体语言表达自己的某种情感或者心理需求,比如爱或者是不满,当然也有可能是与其他小朋友在沟通、交流,只是方法让大人感觉孩子是在打人。无论如何,家长不要认为孩子打人是因为孩子具有某种暴力倾向,从而给孩子贴上暴力的标签,这样反而会误导孩子,让孩子逐渐往不好的方向发展。

因为孩子在小的时候,他们不会隐藏自己的情绪,在心理需求得不到满足的时候他们会直接表现出来,可是这个时候的孩子还无法用语言把自己的想法完整、准确地传递出去,因此当他们发现自己被误解的时候就会比较着急,或者是他们在太开心的时候想要表达自己的兴奋,却因为语言能力的限制,不知道用什么样的语言来形容,这个时候他们就会本能地通过肢体动作来表达自己的情感。但是,肢体上的表达却因为孩子大脑发育的限制,不能很好地控制自己的行为和力度,往往就会被父母认为这是具有攻击性的。

天天刚刚1岁半,但是最近却喜欢上了"打人",有时会在嘴上说,但是嘴上说的同时,小手就会真的打过去。有一次,天天想要自己跑着玩,但是由于刚刚

下过雨，地上都是积水，妈妈怕弄湿了天天的鞋子，就抱着天天。这下天天就不乐意了，对妈妈说："下来，下来，我打你！"说话的时候，小手已经"啪"的一声打在了妈妈的脸上，这一下就不可收拾了，小手不停地拍打妈妈的脸。由于妈妈抱着天天，没法阻止天天，就只能说："不能打妈妈，那样就不是好宝宝了。"于是天天就不打了，而是改为拽妈妈的头发了，别看孩子小，劲儿可不小呢。

不只是对妈妈这样，妈妈带着天天出去玩的时候，看到其他小朋友也在街上玩，天天总是会开心地跑过去，可是刚一站定，伸手就去打小朋友了。有时候打得轻一点还好，有时打重了就把小朋友打哭了。天天看到别人哭还一脸困惑的表情，于是妈妈就知道天天只是想和小朋友打招呼，无奈自己不能控制自己的力度，把小朋友打哭了，妈妈真是不知道说天天什么好呢。

有时在外面玩的时候，看到别人手里拿着玩具，天天看着也喜欢，什么都不说，走过去就抢人家的玩具，小朋友当然也不愿意给天天，天天就开始伸手抓人家的脸，扬起手来就打人。有些比天天小的孩子就害怕，玩具就到了天天的手里。但是有时也会遇到比天天大的孩子，这个时候天天就占不到什么便宜，玩具没有抢过来不说，还会被大的孩子打哭。但是这样天天也不长记性，下次还是会打人。真是成了小小的"战争分子"了呢。

很显然，天天正是处于手的敏感期，因此才会出现频繁打人的现象。虽然这是一种十分常见的敏感期现象，但是毕竟打人的行为还是会让别人不高兴的，而且如果对孩子打人的行为不加以制止和批评，任其发展的话，可能会让孩子养成不良的行为习惯，以后也会继续出现打人的行为。所以，对于孩子的这种行为，父母要通过言行举止让孩子明白，打人是不好的行为。当然，也不要随意批评孩子，让孩子误以为父母不喜欢自己。这样反而不利于对孩子的教育，因为帮助孩子树立正面的自我形象对纠正孩子的攻击性行为有很大的帮助。

孩子爱打人怎么办

孩子打人是手的敏感期的正常表现,对此,父母不必过于烦恼,可以试着这样做:

1 对孩子的行为别太敏感

父母的关注会强化孩子打人的行为,因此,父母别太关注,孩子觉得没意思自然就不打了。

2 别给孩子扣上"打人"的帽子

孩子有时只是拍打,因为他们语言表达能力有限。所以父母不要说孩子是打人,而是要注意观察孩子的需求。

3 反省自己有没有做坏榜样

父母的一言一行孩子都看在眼中,他们会模仿,因此,父母首先要给孩子做好榜样。

4 减少孩子观看暴力镜头的机会

孩子看到什么就会模仿什么,因此电视上的暴力镜头,或现实中人们之间的推搡或打架行为要少让孩子看到。

第五节 行走的敏感期
—— 乐此不疲地来回走

解读孩子行走的敏感期

孩子走的敏感期大概从7个月大时开始出现。在开始的时候，孩子拒绝坐着，总是喜欢让大人拉着他的双手跳，这样经过一段时间之后，孩子就会尝试着走路，不过看上去更像是在跑。这个时期可能是父母感觉最累的时候——不会走路，可是却喜欢到处走；等会走了，就开始无处不去；上楼梯、下楼梯都要自己来，不管需要多长时间都不让父母来帮忙；走路的时候还专挑不平的地方走……在走路的敏感期中，孩子是一个自由、活跃的个体，他对空间的把握能力从此跨出一大步，心理也随之出现跨越式发展。

在走的敏感期内，孩子不需要特定的理由，就会非常热衷于行走，对走这个行为产生强烈的兴趣并且会不厌其烦地重复，最后孩子会因为这种不断地重复而学会独立行走。孩子在从事这个活动的时候表现出来的内在的活力和快乐，正是源于孩子与外在世界接触的强烈的心理需求。有些家长不了解孩子的这一心理，总是觉得跟在孩子身后或者弯着腰领着孩子会累，就忽略孩子的心理，选择抱着孩子走，孩子的心理得不到满足，就会出现反抗情绪——哭泣。

佳佳在八九个月大的时候，总是不停地想要自己站起来，妈妈把她放在腿上

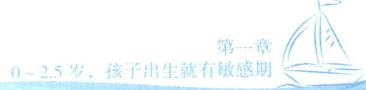

的时候，她就会使劲地蹬她的腿，把妈妈的腿都踩得很痛。妈妈当时还非常疑惑呢，为什么这丫头的腿上这么有劲呢？等到11个月大的时候，佳佳已经可以自己蹒跚着行走了。自此，佳佳开始热衷于行走，她好像根本就不知道累，在她的字典中就只有一个字——走。

早晨起床后，妈妈准备给佳佳换掉睡衣，结果睡衣才刚刚脱下来，衣服还没来得及穿上的时候，佳佳已经不耐烦了，自己开始一点一点往床下滑，等双脚一着地，佳佳立刻开心地笑着跑开了。妈妈拿着衣服追在佳佳身后想要给她穿上，但是佳佳以为妈妈是在追着她玩，跑得更欢了，一边咯咯笑着一边跑，全然不顾凳子、玩具车的阻碍，也不看脚底下。结果就被她的会唱歌的小鸭子给绊倒了，妈妈以为佳佳肯定会哭呢，结果看到妈妈向自己走过来，佳佳赶紧爬起来又跑开了。每天这样的母女追逐大战总是会上演几回，妈妈觉得疲劳不已，佳佳却玩得十分开心。

在家里还好，就算有几件东西会挡住佳佳的去路，也不会造成很大的影响。可是一出门就让妈妈一直提心吊胆了，小区里的车虽然车速都很慢，但有些骑电动车的人速度还是挺快的，可是佳佳走起路来才不会看看有没有车经过呢，总是不停地走，有时看到车比较多，妈妈就抱起佳佳，可是佳佳浑身拧着，非要下来自己走不可，如果妈妈不允许，佳佳就会大哭。而且佳佳专挑那些崎岖不平的地方走，哪里有个井盖或者有人堆了一些沙堆了，佳佳肯定会从那上面走。有时还会跑到路边的绿化带里面，妈妈只好一刻不停地跟在佳佳身后，生怕出现什么意外。

当孩子一旦学会自己走路的时候，孩子的世界就会发生十分巨大的变化。以前，即使孩子能够爬行，但是能到的地方也会受到限制，很多有障碍的地方孩子就爬不过去了。但是会走路就不同了，孩子可以去他想去的任何地方。当孩子看到一件喜欢的东西的时候，不需要大人的帮忙，就可以自己走过去拿起来。因此，学会走路会让孩子新奇不已，也会让孩子的探索范围变得更大。这对孩子来说是一个非常大的突破，这就意味着生活开始由他自己支配了！

孩子学习走路的四个阶段

孩子学会走路的过程是有一个大致的规律的，一般分为下列四个阶段：

10~11个月

孩子有扶着妈妈的手、固定物站起来的欲望。

12个月左右

孩子能够站起来和蹲下了。可以让孩子蹲起练习他的腿部肌力。

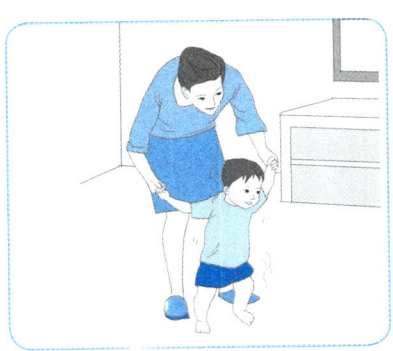

12~13个月

孩子能够扶着东西行走，但还有点胆怯，会紧紧抓着妈妈的手。

13~15个月

孩子已经可以自己走路了，开始对探索周围的事物充满欲望，这个时候父母要多给孩子自由。

行走敏感期对孩子成长的重要性

人生来是寻求独立的,要成就一个完整的自我,就离不开行走,而行走正是孩子实现自主、建立自我意识的良好基础。

当孩子想走的时候,有的父母因为自己太累,不愿意跟着孩子到处走,而是把孩子放在小车上,这是在残忍地剥夺孩子通过自己的努力获得成长的机会。父母不要抱怨,而是要幸福地享受这个过程,因为这是孩子充满激情地发展自己、构建自我的重要历程。如果我们希望孩子长大,渴望孩子将来是一个能够独立生活、有独立人格和思想的人,那么就应在这个时期就关注孩子的心理发展需求,支持孩子自己行走,因为这是孩子和母亲真正意义上的分离,也是孩子独立的开始。

欣欣的爸爸妈妈都上班,在欣欣6个月大的时候妈妈就去上班了,因此在平常的时间里都是奶奶在照看着欣欣。奶奶由于年龄稍大一点,所以在欣欣学会走路之后也不愿意跟着欣欣到处走,总是把欣欣放在小车里推着到处逛一下。每次妈妈回到家,都已经是晚上了,喂欣欣吃完饭之后虽然也带着欣欣下楼玩一下,但是由于天黑,路灯也不是很亮,妈妈怕欣欣摔倒,不是抱着就是也用小车推着。所以,平常也就只有在家里欣欣会走一下。

到欣欣2岁的时候,妈妈带着欣欣去参加朋友的婚宴,在现场有好几个小朋友和欣欣差不多大,他们都在地上乱跑,只有欣欣安静地在妈妈的怀里,当时妈妈还觉得这样很好,孩子很安静。可是到后来大家吃完饭出来玩的时候,别的小朋友都开心地在玩,欣欣虽然也在地上走,但是每走一步都小心翼翼的,遇见一个很矮的小台阶欣欣就站着不动要让妈妈抱着,看着比欣欣小好几个月的小朋友也走得十分顺畅,而欣欣跟刚学会走路一样,妈妈真是担心欣欣再这样下去就跟不上别人的脚步了。而且欣欣似乎对周围的事物并不感兴趣,一副无精打采的样

子，完全不是一个2岁的孩子该有的情绪啊。

现在很多父母都工作，因此孩子是家里的老人在带，而老人由于年龄和身体的原因，都不愿意弯着腰一点一点让孩子学会走路，或者是因为孩子会走路之后走得太慢，还漫无目的，因此大多用小车代替了孩子的脚步。但是这个时期的孩子有着强烈的行走的愿望，大人不给孩子走路的机会，不仅会使孩子腿脚的肌肉得不到锻炼，而且大脑的思维能力也会受到影响。

行走敏感期的重要性

行走使孩子产生强烈的成就感，让孩子的心理得到成长。

行走使孩子从不自由、需要帮助的状态中解脱出来。

行走的同时会促进孩子智能的发展，促使孩子掌握其他更加复杂的技能。

可以说学会走路对孩子来说是第二次降生，因为行走能力的发展促进了孩子独立性的发展，他们开始发现自己可以不用再依赖于大人了。

孩子的大脑发育要靠环境刺激来实现。眼看、耳听、皮肤接触、舌头品尝、鼻子闻嗅等过程（在医学上称为感觉统合过程），不但能够帮助孩子完成对环境的认知，还能促进大脑发育。大脑是靠神经元的突触之间的连接来传递刺激的，神经元之间的连接越多，脑中的各种信号路径就会越发达，大脑功能就会越强。

心理学的研究成果告诉我们，一些孩子在进入小学以后，会出现情绪不稳定、固执、有侵略性、有挫折感、难以适应学习环境、注意力不集中、不能持久地干一件事情、不能长时间坐着、多动等问题，这些都与婴儿时期缺乏有效的自主活动有一定的关系，而孩子的行走就是一种非常自主的自由活动，所以，在孩子走的敏感期多让孩子走动，对孩子以后的发展至关重要。

喜欢爬楼梯的孩子

在走的敏感期中还有一个特殊的时期，就是孩子对攀爬楼梯的敏感期，这一敏感期一般在2岁之前出现。在这个敏感期中，孩子开始喜欢在楼梯上爬上爬下，他们先用手判断上下楼梯之间的空间距离，然后试着用脚来判断。因为成年人总是会担心孩子这样做会有危险，并且觉得孩子用手触摸楼梯非常不卫生，所以常常阻止、破坏这一敏感期的正常发展活动，对于大多数孩子来说，这一敏感期往往会滞后到2岁半甚至3岁才出现。

2岁半的彤彤家住的是平房，所以她在2岁之前并没有走过楼梯，有时去商场也都是坐电梯，而且是由妈妈抱着的。由于彤彤的妈妈是名老师，在今年放暑假的时候就带着彤彤去小姨家住了一个多星期，小姨家的房子是两层的，每次上楼或者下楼都是要经过楼梯的。第一次走楼梯，彤彤显得有些胆小。

早晨起床后要到楼下吃饭，彤彤站在楼梯边上，一动不动地盯着楼梯看。妈妈走到她的身边，伸出手，彤彤赶紧把自己的小手放在妈妈的手里，然后跟着妈

图解 孩子敏感期行为心理学

妈一步一步走下楼去。一边下楼，妈妈一边教给形形怎么样下楼梯不会摔倒：手要抓住旁边的扶杆，眼睛要看着脚下的台阶，腿要一级一级地走。

走到楼下吃完早饭之后，形形就开始自己"研究"楼梯，沿着台阶，一级一级地往上走。她的动作非常缓慢，但是她一直走了一个多小时，就这样慢慢上去，再慢慢走下来，走累了就坐在楼梯上休息一下，然后接着走。在小姨家住的这一个多星期里，形形每天都在重复这一活动，几乎都是要花费一个小时左右来走楼梯。刚开始的时候，形形都是小心翼翼地走，动作也十分缓慢，但是到最后要走的时候，形形已经可以自如地上下楼梯了。

支持孩子爬楼梯

很多父母面对有爬楼梯欲望的小孩子，不知道怎么做才能给孩子的肢体发展带来最好的促进作用，以下几个方面需要父母注意：

鼓励孩子爬

爬楼梯是处于行走敏感期的孩子喜欢的运动，对此，父母可以采用比赛等方式鼓励孩子爬楼梯，满足他们的需求。

处理好障碍物

孩子的腿短，爬楼梯已经比较费劲，如果台阶上还有障碍物的话，孩子可能会受到阻碍，父母要及时帮孩子扫清障碍。

父母应该享受孩子爱行走的这一时期，等孩子度过了这个行走的敏感期，可能就不愿意自己走了，那个时候孩子就又开始喜欢妈妈的怀抱了。

当孩子把所有的注意力都放在一件事情上，并反复地重复这件事情时，我们就可以知道，孩子的敏感期到来了。在彤彤反复上下楼梯的时候，父母就应该知道彤彤走的敏感期中关于上下楼梯的敏感期到来了。大人走路或者上下楼梯都是有目的的，但是孩子却是没有目的的，他们只是在练习，因此会不断重复地上下楼梯。

著名教育家蒙台梭利说过，孩子走的敏感期是孩子的第二次诞生。从孩子出生开始，经历了抬头、坐起、爬的全部过程。在孩子第一次尝试着通过自己的努力而迈出第一步时，孩子的身体就开始走向独立了。

当然，孩子也不是一直在走，当孩子一旦学会了走路，那么孩子就不会想要自己走路了，他开始重新从母亲的怀中寻求温暖，于是他想尽一切办法让你抱着他。这个时，孩子走的敏感期已经过去了。

让孩子顺利度过走的敏感期

有的妈妈为了防止孩子在走路的过程中跌倒，就用布条或者购买学步带等系在孩子身上，另一端牵在自己手里。当孩子要摔倒的时候，妈妈就一使劲拽住孩子，还可以防止孩子到处乱走有危险。这样虽然降低了孩子的危险系数，但是对孩子来说，却是一种过分的保护，并且还剥夺了孩子的自由。孩子在走路的时候就要体验走不同的路的感觉，感受如何调整平衡，这也是孩子的权利。

也有的父母觉得把孩子放在学步车里会比较安全，其实四平八稳的学步车恰恰剥夺了孩子体验平衡的机会，会影响其平衡能力的提高。再说学步车倒了的话也有可能会压到孩子。这些做法看似是对孩子的保护，但是都不利于孩子顺利度过走的敏感期，对孩子的身体感知并没有好的作用。所以，父母要么就学习科学的教育方法教育孩子，要么就顺其自然，让孩子自由发展。

萱萱在12个月大的时候已经可以跟跟跄跄地走两三步了，但是由于路不平，很容易摔倒，于是妈妈就买来一个学步车让萱萱在里面走路。刚开始的时候家人都十分放心，而且依靠学步车萱萱确实进步神速，没两天就可以拖着学步车走很

如何帮助孩子顺利度过行走敏感期

在行走敏感期，孩子会乐此不疲地走路，还往往走那些脏、乱、不平的地方。作为父母，不要斥责孩子，而是应该欣赏孩子的这种行为，同时，还要做好必要的引导。

1　知道孩子对什么感兴趣

找到孩子感兴趣的地方，如楼梯、斜坡等，多带孩子走一走。

这里不好走，过去这里你再下来走！

2　不要阻止孩子走路

开始时孩子还走不稳，父母需要弯着腰保护孩子，很多父母嫌麻烦干脆抱起孩子，这会让孩子的敏感期延长。

没事，宝贝，摔倒了爬起来就好了！

3　不要担心孩子摔倒

孩子跌倒是很正常的事，即使磕破皮也会很快愈合，只有经历过跌倒，他才会爬起来。

当然，这并不是说孩子想走哪里就走哪里，还是要在保证安全的前提下让孩子自由地行走。

远了。看到妈妈在远处拿着香蕉，萱萱就会立刻开心地跑过去，爸爸妈妈因此觉得萱萱肯定很快就能走得硬朗起来。

萱萱有一个小表妹，只比萱萱小一个月，当萱萱能走两三步的时候表妹还要扶着东西才能走呢。但是周末的时候，小表妹来萱萱家做客，结果小表妹已经可以自己摇摇晃晃地走到这里走到那里了，虽然看着不稳，好几次眼看着都要摔倒了，但是小家伙总能保持住平衡，没有真的摔倒。但是，妈妈让萱萱自己走路，离开了学步车的萱萱走的还没有表妹好呢，东倒西歪的，摔倒了好几次，最后干脆坐在地上不走了。

妈妈觉得奇怪，明明萱萱在学步车里已经走得很好了啊，而且在之前就已经能走几步了，现在怎么反而不如表妹走得好了呢？妈妈就问萱萱的阿姨是怎么教孩子走路的，阿姨说什么辅助工具也没用，就是让孩子自己慢慢练习着走，不断练习，孩子就走得好了，而孩子在学步车里，每次要摔倒的时候直接坐下就好了，所以孩子没法锻炼自己的平衡能力，一旦脱离了学步车，没有东西支撑自己了，就会频繁摔倒了。萱萱的妈妈这才恍然大悟，原来萱萱在学步车里走得好，只是个假象，孩子还并没有真正学会走路呢。于是，妈妈就把学步车收了起来，让萱萱自己锻炼着走路。没过多久，萱萱就走得很好了，虽然也是不稳，但是已经不会摔倒了，相信过不了多久，就会走得稳了。

6岁之前孩子的生命状态具有吸收性的特质，其心理发展还不成熟，需要通过不断对世界进行探索来发展其心理结构。而孩子的探索其实就是玩，在玩的过程中进行吸收，吸收的过程也就是学习的过程，也是孩子心理发展的过程。在吸收的过程中，由于孩子使用了肢体、大脑和感官，所以肢体操作能力、大脑思考能力、感受能力都得到了提高，这一切的发展就使得孩子的心理逐渐成熟。慢慢地，孩子就会有了自我意识，产生了自我认识、自我评价、自我建构，他的心智就成熟起来了。所以，父母给孩子自由才是真正的爱。

 第六节 语言的敏感期
—— 一遍又一遍重复他人的话

解读孩子的语言敏感期

语言是人类通过高度结构化的声音组合，或是通过书写符号、手势等构成的符号系统来交流思想的一种行为，是一种社会现象。孩子最初的语言学习就是学习声音的组合。

孩子语言的发展，最初是将他们认知的事物同概念进行配对。比如，孩子知道了树，见到树后，就会指着树说："树！"孩子大概1岁时会有这种表现。有些孩子在七八个月的时候就已经开始说话了，但是这个时期的孩子词汇量非常小，也比较广义。到了2岁的时候，孩子的语言会有一个大的跨越，看到树的话会轻松地区分出"杨树"、"柳树"，而且孩子非常热衷于这种区分，因为这是孩子概念发展的敏感期，孩子要把自己脑子里的印象跟更具体的概念对号，以完成词语的积累。再大一点的孩子还会出现一种特别的现象，那就是非常热衷于说脏话、诅咒的话，比如孩子可能会说："我掐死你！""我揍你！"这个时候父母千万不要以为自己的孩子学坏了，这只不过是孩子在这个阶段的特殊反应，他在享受说这种话的快感，只要孩子过了这个时期自然就好了。

文文已经两岁了，还是不会说话，如果他着急了，或者太开心有些忘我的时

候，就会咿咿呀呀说一种谁也听不懂的语言。文文的爸爸有些着急了，就带着文文去医院做检查，但孩子并没有什么不正常，就是不会说话。

后来专家经过了解才知道，原来文文的妈妈在文文3个月大的时候就离开了，没有人照料文文，爸爸就请保姆照顾，但是由于各种原因，爸爸先后给文文换过4个保姆。而这些保姆都是从不同的地方来的，在带文文的时候，由于只有保姆自己和文文在家，保姆就会说家乡话。4个保姆说的家乡话完全不同，这让文文在吸

孩子语言敏感期的几个阶段

1岁

可以说一个字或几个字来表达许多不同的状况，或用不同的字表示相同的意思。

1岁半至2岁

这是孩子学习名词的关键期，常常会问"这是什么？"

2~3岁

2岁半之后，孩子有了"我"的概念，可以叙述不在眼前的事物。

任何事物的发展都是有规律的，孩子语言的发展也是一样，掌握孩子语言发展的规律，可以帮助孩子更好地锻炼语言能力。

收语言的时候无法找到一种固定的形式,只吸收了一些语音,所以,在需要表达的时候只有语音而没有词,这就是他嘴里说的"怪语",大家都听不懂。

文文显然是在语言的敏感期时因为所处的环境中语音过于复杂,错过了发展的最好时期,才没有学会说话,而只能说一些谁也听不懂的语音。我们可以毫不夸张地说,在孩子3岁之前,他们可以毫不费力就能学会语言,但是如果孩子错过了学习语言的敏感期,即使付出数倍的努力,也不一定能取得满意的成果。

婴儿从6个月开始就会发出一些单音,直到1岁后,他们才能说几个词,在经历了一个长时期的积累后,他们突然开始有意识地学习说话,开始意识到语言与他周围的事物有关,有意识地掌握语言的愿望也变得越来越强烈。

很多家长都会发现,没有什么比让一个两岁左右的孩子闭嘴更难的事了。这时孩子急于与别人交流,由于语言能力贫乏,会因为成人不理解他们的意思而大发脾气。两岁之后,孩子逐渐地将他们所获得的对物品的感受和认识与语言配对,形成了有关事物的概念。

成人必须了解语言的发展规律和阶段性,了解孩子的心理发展过程,科学地帮助孩子度过语言敏感期。这一时期,最要不得的是一遍一遍地教孩子成人想让他们说的话,然后再拷问他们。孩子学习语言有自身的规律,我们只能帮助他们去实现这一自然过程:第一是提供统一的语言环境;第二是在孩子因为无法很好地使用语言表达而发脾气的时候平静地倾听,并试图用语言表达孩子不能表达的内容。

通过重复和模仿让孩子学习说话

孩子最早的语言就是从模仿开始的。在孩子1岁左右的时候,他就会整天发出一些"啊"、"呀"等声音。而在孩子不经意间通过模仿发出类似"妈妈"的发音的时候,会让很多父母欣喜若狂。孩子在看到自己的这个发音能够引起别人的兴趣的时候,他们就不断发出这个音,逐渐地就会把这个发音和对应的人或者事物配对。所以,孩子对语言的模仿可以说颇具天赋。

善于模仿是孩子的天性,他们会对大人口中说出的所有话语内容都十分感兴趣,进而自己去模仿。比如,听到爸爸和客人在聊天,他就会自己站在一边学爸爸或者客人的话;或者在跟着爸爸妈妈去外面的时候,看到大人们之间互相打招呼,他们觉得有趣也会去模仿……当然,在大多数的时候,孩子并不能理解大人们嘴里所说的话的含义,但是他们还是很有兴致地去模仿,并乐此不疲。

亮亮的妈妈因为每天都要去上班,所以亮亮的奶奶就住在亮亮家里照顾他。在亮亮快2岁的时候,开始不断重复大人们说的话,往往让爸爸妈妈和奶奶哭笑不得。

这天妈妈下班回来后,就问亮亮的奶奶:"妈,亮亮早晨几点起床的?"亮亮这个时候正在客厅茶几旁边玩他的小汽车,在听到妈妈说话之后,又开始学着说妈妈和奶奶的话。

亮亮说:"妈,亮亮几点起床的?"

奶奶回答妈妈说:"好像8点吧!"

亮亮接着说:"好像8点吧!"

妈妈又问奶奶:"他吃东西了吗?"

亮亮说:"他吃东西了吗?"

奶奶说:"吃了几块饼干,刚才又吃了一点儿米饭。"

亮亮说:"吃饼干,又吃米饭。"

妈妈又问奶奶:"建国(亮亮的爸爸)回来了吗?"

亮亮说:"建国回来了吗?"

奶奶说:"回来了,又下楼买电池去了。"

亮亮学着说:"回来了,买电池了。"

说到这里,妈妈和奶奶听不下去了,没忍住就"哈哈"笑了起来。亮亮也学着她们"哈哈"假笑了几声。但是在这期间,亮亮一直在玩着他的小汽车。

图解 孩子敏感期行为心理学

很显然，亮亮就是在重复妈妈和奶奶说过的话。孩子在最开始的时候可能只是模仿一个字，然后是一个词，但随着时间的推移，孩子模仿的就会越来越多。而且，孩子模仿时经常不分场合，只要是他们感兴趣的话，他们都会饶有兴致地重复说出来，还会表现得自得其乐。

这其实就是孩子处于语言敏感期时的常见表现，在这个时候，父母不必介意。很多父母觉得孩子在客人面前一直重复大家说过的话，显得十分没有礼貌，其实，这与孩子的礼貌不礼貌没有关系，不去管他，孩子自己一转眼就会忘记。

应对孩子模仿的方法

孩子在语言敏感期时，通过模仿可以学会很多的表达，因此父母也不要觉得孩子模仿会很烦，而应该理解孩子这个时期的行为。

1　不要强迫孩子停止，让孩子自由模仿

如果孩子对一句话很敏感，就会模仿，并没有实质的意义，所以不用强迫他停止。

2　借此用自己正确的语言习惯影响孩子

借孩子模仿的机会，父母可以教给孩子一些良好的语言习惯。

当然，父母也可以对孩子进行一些语言训练，让孩子从最早的单纯模仿，慢慢过渡到他自己对语言的组织与创造，这也有利于开发孩子的思维能力。

但是如果父母总是向孩子强调不要这样，这样很不礼貌，孩子反而可能会对那些话着重记忆，这样对孩子的语言发展并没有什么好处。

明白孩子这个年龄阶段心理的父母们应该清楚，孩子在两三岁的时候会有想要引起别人注意的心理，在这样的心理作用下，如果他觉得这样重复说话可以引起父母的注意的话，孩子就会更多地去重复和模仿。反而是父母不特别去注意孩子的这一行为，让其自然发展会更好一些。而且，在孩子的意识里，他只是认为那句话说出来很有意思，只是当时对那句话很敏感，也只是单纯地在模仿，他模仿出来的话其实并不具有什么真实的意义。所以，父母对此不必太介意。

孩子爱上了骂人、说粗话

很多孩子在刚刚开始学说话的时候并不懂得什么样的话是好的、是礼貌的，什么样的话又是不好的、没有礼貌的。所以他们只要觉得好玩就会说。但是，随着孩子对父母或者其他人的话的模仿，孩子有时就会发现，有些话说出来能让人产生很强烈的情绪变化。

比如，他会模仿妈妈对别的孩子说"小调皮"，然后就会发现大人对他这句话特别注意，有时还会哈哈大笑，他就会觉得很有意思；或者他模仿妈妈的话对别的小朋友说"我揍死你"时，小朋友就会哭着跑开，而家长就会生气，会教训他，这让他体会到了说这样的话的力量，然后孩子就会"迷恋"上说这样的话。当然，孩子对它的使用是随心所欲的，他们并没有什么坏的想法。父母如果了解孩子的这种心理，就不会对孩子的这种行为过分担心了。

峰峰已经有2岁半了，妈妈总是觉得峰峰特别的调皮，除了睡觉，几乎没有安静下来的时候，但是玩是孩子的天性，因此并没有刻意阻止他。但是，最近几天，妈妈觉得峰峰有些过分了，因为他好像喜欢上了骂人。

图解 孩子敏感期行为心理学

晚饭后，峰峰想要去广场玩，可是妈妈还有很多家务要做，就对峰峰说让爸爸陪他去，可是峰峰坚持让妈妈去，看到妈妈不去，就噘着小嘴说："坏妈妈！"妈妈有点生气，就拉着脸说："你刚才说什么？"看到妈妈生气，峰峰没有害怕，反而说得更多了，什么"臭妈妈"、"屁妈妈"的都出来了。妈妈扬起手来假装要打他，峰峰就边跑边对着妈妈做鬼脸，嘴里还是说着那样的话。每次都是这样，只要妈妈越说他，他就会说的越起劲。

不只是对妈妈会这样，妈妈下午下班回来后，邻居经常会跟妈妈告状，说峰峰今天又怎么骂人了，有时是骂别的小朋友，有时连大人也会骂。晚上妈妈就会教育峰峰不要再骂人了，可是峰峰总是嬉皮笑脸的，转过头去就忘了，还是照样。这让妈妈一时间头疼不已。

其实，这是孩子在语言敏感期中经常会出现的状况，大多数孩子都会经历这样的一个时期。当孩子说出这种似乎很伤人的话时，对方往往会有比较强烈的情绪波动，爸爸妈妈可能会生气，要是其他的小孩子还可能会被吓哭。对于这样的结果，孩子非常乐意看到，因为这会让他们感觉到语言的力量，他们也会发现使用这样的语言，会引起更多人对他们的关注，甚至孩子还会因为得到更多人的关注而有自豪的感觉。

所以，爸爸妈妈也不要太过在意，而且，孩子不管是骂人，还是说了一些类似诅咒的话，孩子都并没有那样的本意，他们说那样的话，其实并不知道这句话的真正含义，只是觉得他们这样说，人们就会立刻有反应，他们就觉得十分好玩，十分新奇，于是，他们就不停地重复这种行为，仅此而已。这样的行为在几个月之后自然就会消失，只要度过了这样的敏感期，孩子就不会不停地说这样的话了。

当然，说脏话是不对的，如果父母不加以管教的话，也可能会让孩子形成说脏话的习惯，长大之后更加不好改。但是，父母也要讲究方式方法，采取有效的措施来制止孩子，帮助孩子健康成长。如果父母肯用一些简单的语言讲解，2岁的孩子已经可以理解一些浅显的道理，能分辨简单的是非曲直，所以，父母可以和

孩子爱骂人怎么办

孩子在这个时期对这类语言只不过是有好奇感,他们并不知道那些话所代表的意义。所以,父母也不必过于担心,往往几个月之后,孩子的这种情况就会自动消失。

1 尽量漠视孩子骂人的行为

正因为有人回应孩子骂人,孩子才会越发爱骂人,所以,父母可以不去回应。

2 寻找孩子骂人的源头

孩子骂人一般是跟别人学的,找到源头,尽量隔绝,时间长了孩子就会淡忘了。

3 用良好的语言去回应孩子

除了漠视之外,也可以用良好的语言去回应,转移孩子的注意力。

4 在孩子使用礼貌的语言时,及时给予表扬

及时的表扬会让孩子有成就感,增加孩子学习礼貌语言的兴趣。

孩子讲道理，当然一定要用孩子能够听得懂的语言，告诉孩子说脏话是一种不文明的行为，大家都不喜欢说脏话的孩子，这样孩子慢慢就会理解和接受的。

对悄悄话着迷的孩子

孩子在2岁左右的时候是他们运用语言的敏感期。一般在2岁的时候，孩子已经基本掌握了语言的发音，他们会慢慢发现很多不同的语言表达方式，并且可以尝试这些不同的表达方式，他们会对此感到新奇。在这样的心理作用下，孩子就会出现一个接一个的不同的奇怪行为，这些都是有阶段性的，可能这两天孩子喜欢大声喊话，过两天又会迷恋上说悄悄话。对此，父母要了解孩子的心理，尽量配合孩子的行为，让他们得到心理的满足。

讲悄悄话是2岁多的孩子探索语言魅力的一种形式。他们可能会突然神秘地趴在妈妈的耳边说一些小秘密，而且一定会在说完之后，期待地问妈妈"听到了吗"。如果这个时候妈妈说没有听到，孩子就会再重复刚才的动作，直到妈妈说听到了为止。这时，妈妈就要理解孩子的这种心理，尽量满足他们，配合他们，和孩子一起感受两个人建立秘密空间的神秘感。

小雪才刚刚2岁多，但是在大人眼中却是一个机灵鬼，人小鬼大，主意多。最近，小雪又有了一个新的爱好，就是说悄悄话。她经常站在妈妈面前说："妈妈，你过来，我跟你说……"但是却并不大声说出来，非要让妈妈弯下腰，她凑在妈妈的耳朵前，举起小手半捂着嘴说，说话的声音也总是非常小，说完了再变回正常的音量，问妈妈听见了吗。如果妈妈摇摇头表示没有听到，小雪就会不厌其烦地再说一次悄悄话。

妈妈有时间还好，如果妈妈在忙的时候，小雪也这样缠着妈妈说悄悄话，一遍两遍的还听不到，妈妈就会有些着急和不耐烦，就会让小雪大声说。小雪就噘起嘴，涨红了脸，怎么也不肯再说了。

如何引导爱说悄悄话的孩子

父母只有了解处于这个敏感期的孩子的心理特点，然后利用孩子喜欢的方式交流，才能提高孩子的语言能力。

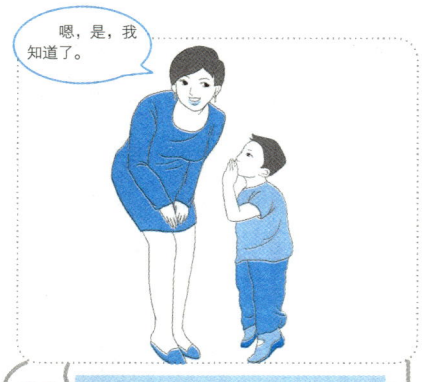

1 耐心倾听孩子的悄悄话

悄悄话是增进父母和孩子感情的一种交流方式，所以父母要耐心倾听孩子的悄悄话。

2 和孩子一起使用耳语交流

"耳语游戏"可以发展孩子的表达、倾听和理解能力，因此，父母可以试着和孩子使用耳语。

3 不要让孩子把耳语当成习惯

有些孩子说悄悄话是处于防备心理，这时父母就要引起重视，有意识地让孩子大胆说话。

对于孩子，父母一定要有耐心，尽量配合孩子，让孩子能够自然发展他们的语言能力。

说悄悄话有时会让孩子觉得十分自豪，他们着迷于这样的神秘感中，还会要求别人也一样小声说话，可能他们觉得这样具有一种不被别人知道的神秘感，可以引起他们的兴趣。如果这个时候，父母不能了解孩子在这个敏感期中的这种心理，就有可能对孩子的这种行为耐不住性子，让孩子大声说话，孩子便会失去诉说的乐趣，也就不会再说了。就像小雪一样，原本希望和妈妈说悄悄话的，但是妈妈因为听不到而让她大声说的时候，她就涨红了脸，不再说了。

因此，作为这个年龄阶段的孩子的父母，一定要了解孩子这段时期的心理特点，试着用孩子喜欢的方式交流。这样才能与孩子好好沟通，同时可以提升孩子的语言能力，还可以满足孩子的心理需求。

当然，有的孩子说悄悄话是出于一种防备的心理，在众人面前或者是有陌生人在的时候不敢说话，于是就找可以信任的人来说悄悄话。对于这样的孩子，家长要有意识地锻炼孩子的说话能力，在一些公共场合，尽量鼓励孩子大声说话。

孩子说话有点口吃

任何事物的发展都是有规律的。虽然孩子在2岁的时候已经可以说出差不多2000个词汇，并且可以进行基本的对话和交流，但是毕竟由于年龄小，心理发展极其不成熟，语言表达能力也处于流畅表达的初期，想说的话虽然可以表达出来，但是流畅程度却并不理想，有时还不能完全表达出来。这是因为孩子在这个年龄阶段，由于受到心理发展和大脑发育的限制，还不能迅速选择与自己的想法相匹配的词汇。

当然，面对这个年龄段的孩子的"口吃"，父母不必担心害怕，因为这个时候的"口吃"并不是真正意义上的口吃。真正的口吃是一种心理恐惧症。它并不是什么器官的功能性疾病，而是一种心理疾病。而孩子在语言发展初期表现的这种口吃，只是语言与思维的合理脱节。随着孩子的成长，当他们掌握的词汇量足

以表达他们的思想的时候,当他们的心理逐渐发展,已经可以选择合适的词汇表现自己思维的时候,孩子"口吃"的现象就会消失。

毛毛虽然只有两岁,但是基本上什么都会说了,还经常和妈妈顶嘴呢。自己有什么想法,也会告诉妈妈。但是,毛毛只能说非常简单的句子,只要句子一长,毛毛就会不自觉地"口吃"起来,而且越是急于表达的时候,这种情况就会越严重。

有天下午妈妈在厨房做饭,毛毛从外面跑回家,着急地喊:"妈妈,妈妈——"妈妈听到毛毛的声音有些着急,还以为出了什么事情,就赶紧从厨房出来,看到毛毛气喘吁吁的样子,连小脸都涨红了,就问他:"怎么了,毛毛?"

毛毛因为有些着急,也有些兴奋,他说:"妈妈,我……我……告诉……你……你,那……那个……有个人……嗯,那……"

说了半天,毛毛也没说明白,妈妈还急着去做饭,就打断了毛毛,说:"毛毛不要急,慢点告诉妈妈,有一个人怎么了?"可是毛毛可能要说的是刚才在外面遇到的事情,有些长,不知道该怎么表达,所以说起来还是口吃。妈妈看着这样的毛毛很是着急,就大声说:"别结巴!好好说话!"

毛毛并没有觉得自己口吃了,也没有发觉自己说话慢,看到妈妈这样凶巴巴,就更加着急了,结果,什么也不敢说了。

显然毛毛的妈妈有些吓到孩子了,因为孩子并不会觉得自己是"口吃",他只是在思索用什么样的词来表达自己的想法。所以面对这个年龄的孩子所出现的这种现象,父母一定要有耐心。孩子慢慢就会找到适合的词句,然后经过几次"口吃"之后就会把自己的意思表达出来,这个时候父母再根据听到的话慢慢重复一遍孩子想要表达的,然后再让孩子说一遍,这个时候孩子因为已经理清楚了,就可以比较顺畅地表达了。如果孩子不会表达或者表达的意思不对的时候,父母可以纠正孩子,告诉他们正确的词语,让孩子再重复一次。这样经过几次训练之后,孩子不会感觉到自己有"口吃"的毛病,心理上也不会受到伤害,词汇量还会不断增加。

如何面对孩子的口吃

大部分孩子在小的时候,由于语言表达能力有限,所以在组织语言的时候,可能说话的速度跟不上大脑的速度,因此就会出现口吃的现象。

不要讥笑、斥责孩子

孩子出现这种情况很正常,如果大人讥笑或者斥责孩子,会让孩子由于受到惊吓而更表达不出来。

耐心鼓励孩子慢慢说

父母对此一定要有耐心,鼓励孩子慢慢说,缓解孩子的表达压力。

对孩子持续的口吃现象不要掉以轻心

一般来说孩子慢慢就会顺利说话,但是如果持续口吃下去的话,就会比较容易变成真的口吃,那就要对孩子进行治疗。

总之,在孩子口吃现象发生的特殊时期,父母应该注意放低自己对孩子的要求,给孩子提供一个相对宽松的语言环境,帮助孩子顺利度过这个特殊的敏感期。

第七节 细小事物的敏感期
—— 对很小的东西感兴趣

解读孩子关注细小事物的敏感期

在某一个时期内,孩子手里总是紧紧攥着一些东西,都是些很小的东西,把这些物品贴身放置或放手里是孩子的行为方式。这可能会给他一种感觉,一种拥有和不让这个东西转移的感觉。这是重复特定行为和偏爱特定事物的表现。

很多父母有过这样的经验,就是孩子看到了蚂蚁会惊呼,然后能顶着大太阳看上好久。这就是敏感期的孩子,他们因为受"精神胚胎"的指引,要在这个阶段发展专注、耐心、聚精会神等心理品质,所以父母不可以破坏孩子当时的"雅兴"。

2岁的帅帅有一双黑溜溜的大眼睛,由于妈妈上班没有时间看着他,就把他送到了托儿所。在进入托儿所的第三天,老师就发现帅帅总是喜欢手里握一些很小的东西,有小珠子、小笔芯、小线头、小纸片等,并且是牢牢握在手心,生怕别人抢了过去似的。

一次在一个小活动结束之后,帅帅把一个小木钉带出了活动教室,老师发现以后,请他放回去,可是帅帅紧紧攥着小拳头,无论如何都不肯放手。老师坚持请他归位,帅帅就开始使用"对策",说等妈妈来接他的时候他再归位。老师答应了,他就开始像攥着宝贝一样,整整一天都把那个小木钉攥在手里。

还有一次，帅帅丢了一个小零件，就开始着急地四处寻找，最终没有找到。这件事情让帅帅惦记了一个星期，每天帅帅都在找他的那个小零件，还让老师帮他找。有时上课的时候，帅帅也低着头看每个同学的脚底下，甚至钻到桌子下面去找一下。老师觉得他这样会耽误自己的学习，还会打扰其他的小朋友，在妈妈来接帅帅的时候，就跟帅帅的妈妈说了一下。妈妈说帅帅在家的时候也常常握着小玩意儿入睡，并且早晨一睁开眼睛就要看到他的小玩意儿。有的时候他的小东西找不到了，帅帅就会哭上好久。2岁的帅帅对于细小事物的敏感期从1岁一直持续到现在。

儿童心理教育家蒙台梭利说过，孩子在1岁半到2岁时会有一个对细微事物感兴趣的敏感期。细微事物的敏感期使孩子掌握事物的细节，但这不意味着孩子总是这样的，一些成人想当然地认为关注细微事物是孩子所有时期的特征，这是把一种敏感期泛化地理解了。孩子的敏感期有很多，每个敏感期出现的时间都不固定，同一个敏感期中孩子的表现也不尽相同。在细微事物敏感期的这个阶段，随着手和身体的配合能力逐步增强，孩子受内在生命力的驱使要去发展他的肌肉和手眼的高度协调能力，为以后精细动作的发展打下基础。所以，不管孩子搜集"小垃圾"的行为在我们成人看来有多么无聊和滑稽，我们都不要阻止和打击孩子，随他去做吧！

对孩子来说，父母能够支持他的爱好一定是一件快乐的事情。所以，当孩子对一些小东西格外感兴趣并积极收集的时候，父母要打消内心的顾虑，支持孩子的这一爱好。当然，细小事物的敏感期可能持续的时间比较长，对于稍大一点儿的孩子，父母可以有意识地培养他的环保行为。

我们大人也许永远无法知道孩子在专注地观察蚂蚁、小石子的时候会有怎样的想法，但是我们应该清楚，孩子在这个过程中顺应了"精神胚胎"的指引，完成了大脑的进一步发育和心理的成长。

关注孩子的细小事物敏感期

父母不要觉得孩子观察这些细小的东西没有意义，觉得他们是在浪费时间，其实，这对孩子心理发展以及观察能力的提升有很大的影响。

1 给孩子创造适当的观察机会

带孩子出去观察一些细小事物，并给孩子讲解，增长孩子的知识。

2 不要强制性培养孩子的观察力

孩子的发展是自然进行的，如果强制培养孩子的观察能力，孩子不一定会对此感兴趣。

3 带孩子观察自然

大自然是最好的老师，可以多带孩子进入自然，让孩子亲身体会并观察事物。

对处于这一敏感期的孩子，只要他愿意去观察他感兴趣的事物，父母就应随孩子去观察。

细小事物敏感期孩子的心理

对于我们大人来说，如果让我们全神贯注地观察蚂蚁搬家，也许我们会感觉到无聊透顶。但是对于孩子来说，这却是一件充满乐趣的事情：有的时候，孩子还会故意在蚂蚁搬家的道路上设置障碍，看看蚂蚁是怎么绕过去的；有时，孩子还会拿着馒头给蚂蚁提供食物，或者干脆直接替蚂蚁把食物搬到洞门口；有时孩子就跟自己变成了一只小蚂蚁一样，亲切地和蚂蚁交谈，虽然我们觉得孩子是在自问自答，但是孩子却乐在其中……总之，孩子会乐此不疲地观察他们所感兴趣的细小的事物。

在儿童心理学家蒙台梭利的著作中，她将孩子用心地做某件事的行为称为"工作"，她认为，孩子的心理以及能力就是在这些"工作"中一点一点成熟和发展起来的。

姗姗每次都是和妈妈一起起床的，妈妈在梳头发、洗漱的时候，姗姗就会在旁边看着。自从姗姗两岁之后，就有了一个特殊的爱好，那就是收集头发，不管是自己的还是妈妈的头发，只要姗姗发现了就会特别兴奋，拿在手里把玩一会儿，然后小心翼翼地放在自己的枕头下面。每天睡觉之前还会特意看一下，有时还会跟头发聊天。

由于妈妈梳头发的时候经常会掉头发，所以姗姗最喜欢妈妈梳头发了，因为她可以一下就捡到很多的头发。没过多久，姗姗的枕头下面就有了不少头发。妈妈觉得十分不卫生，就在换床单的时候，顺手把那一团头发扔掉了。谁知道，姗姗下午的时候又捡到一根头发，兴奋地去放在枕头下面的时候，发现自己的宝贝们都不见了，马上伤心地哭了起来，妈妈怎么哄都不行。就这样断断续续地哭了一个下午。

如何对待处于细小事物敏感期的孩子

虽然说，孩子的这个敏感期会随着年龄的增长而消失，但这个时期的孩子会对周围环境的认识发生深刻的变化，此时，父母面对处于这个敏感期的孩子时应该做到：

不随意丢弃孩子收集的物品

孩子收集东西是其心智发展的需要，所以，父母不要随意丢掉孩子的小收集品。

为孩子"创造"一些细小物品

一些小线头、纸屑等对孩子没有危险性，而他们又对此感兴趣，父母可以给孩子提供一些。

父母也要警惕一些小东西

有些东西也存在一些潜在的危险，所以父母也要提高警惕，保证孩子的安全。

总之，父母要让孩子既能感受到关注小东西的乐趣，培养他的观察能力，又要保证他的身体健康与安全。

很多家长会有相同的疑问，孩子真的这么重视这些小石子、细头发吗？答案是肯定的。因为这是孩子心智发展的需要。我们大人都知道，从孩子刚出生开始，他们就仰望着我们。对于我们来说，孩子是非常弱势的，属于弱势群体。但是随着孩子心理的成熟，他们也希望自己可以变得十分强大。但是同时他们也知道，自己的这种弱小是暂时无法改变的事实。于是，孩子就会把关注点转移到跟自己同样弱小、细小的事物上面。在他们眼中，那些石子、头发丝等也是有生命的。就像例子中的小姑娘，她之所以会把那些头发放在自己的枕头下面，是因为她觉得这样可以保护它们，它们是自己的宝贝。所以，当她发现自己的宝贝不见了的时候，就会十分伤心，同时，这件事情也会对她的心理造成一定的冲击。

也许家长还会觉得孩子的这种行为不可思议，其实，在很多时候，这是孩子心智纯真的表现，是他们认识世界以及心理成熟的一个过程。当孩子正在观察事物，或者正在做他们感兴趣的事情的时候，他们常常是全神贯注的。在很多时候，他们全神贯注的程度是成人也无法与之相比的。所以，这个时期是培养孩子观察能力的最佳时期。

随着年龄的增长，当孩子知道自己是生活在人群中的，人群的生活才是真实的生活，那些与蚂蚁、小玩具之间的游戏都是虚假的东西的时候，就会开始把自己融入人群中去，这个时候，孩子的关注细小事物的敏感期也就过去了。

不要打扰孩子

1岁到1岁半左右，是孩子能够将手的活动和整个身体的平衡联系起来的时期。在这个时期，腿是孩子的运输工具，把孩子从这里带到那里，而手就用来探索和工作。随着手和身体平衡的发展，孩子的手和脚都开始有力量了，他们的活动开始变得灵活起来。对孩子来说，观察和抓、捏小东西本身就是在发展他们小手的肌肉和手眼的协调能力，而这就给以后他们发展精细动作打下了基础。

心理学家皮亚杰认为，孩子首先是通过简单图式发展认知和认识外在世界的。因此，孩子起初对世界的认识一定是从微观开始的，并且外在世界在他们眼中也是微观的。孩子在能够实现行动上的自我控制后，就开始尝试着用各种各样的方法来增加对环境的认识，在这个认识的过程中，简单图式不断地增加，并且不断地通过调节让本能的感觉活动上升到知觉的状态。认知的过程就这样展开了。

乐乐的妈妈每次去超市的时候都会带着乐乐，买东西的时候也会询问乐乐想要什么，而且乐乐每次在超市里都是自己推着儿童购物车，开心地玩好久。有时妈妈都跟不上乐乐，小家伙总是十分灵活地穿梭在货架之间，别看她只有两岁零两个月大，却什么都懂了呢。

但是这次去超市，乐乐开始的时候还和往常一样风风火火地跑到这里、跑到那里。当妈妈走到卖大米、小米、豆子等粮食的地方开始挑选小米，乐乐跟过来之后就蹲在地上。开始的时候妈妈也没有注意，等妈妈买完之后，乐乐还在地上抠搜着什么。妈妈蹲下一看，原来是超市地板砖之间有个缝隙，里面都是小黑豆。乐乐正在一个一个地用小手指抠出来，自己玩得十分专注呢。

妈妈喊她走，乐乐跟没有听见一样，还是在专心地找小豆子。妈妈看她难得这么安静这么认真，就站在一边看着乐乐玩，乐乐就这样一会儿蹲在地上，一会儿跪在地上，有时直接趴在地上，时间很快就过去了十多分钟。

就如同儿童心理学家蒙台梭利所说："孩子对细小事物的观察与热爱，是对已无暇顾及环境的成人的一种弥补。"在孩子的世界里，关注细小事物是他们生命中的一种特殊现象。因为这是生命自我创造的过程，所以孩子对整个世界充满好奇和兴趣，甚至是热爱，就像例子中的乐乐一样，对任何细小的事物都充满热爱。世界在他们面前是生机勃勃的，对他们具有强烈的吸引力。与此同时，在他们的耳朵里、眼睛里、嘴里、鼻子里、手上都蕴藏着巨大的探索能量。他们必须发展并越过本能感觉的阶段，这正是孩子的生命不同于成人的生命的地方。成人用知识和大脑来理解世界，孩子则是用自己的经历将环境内化，这就是创造生命。

值得注意的是，虽然每个孩子出现这些敏感行为的时间不尽相同，但是有一点可以肯定，孩子一旦走过了这个敏感期，那么这个敏感期也许永远不会再回来了。也就是说，等孩子关注细小事物的敏感期过去之后，即使家长刻意再让孩子去关注那些细小的事物，孩子也不一定会对此感兴趣了。在这种情况下，父母再去培养孩子的观察能力就很困难了。

所以，当孩子关注生活中的细枝末节的时候，或者专心观察他们感兴趣的事物的时候，家长不应该去打扰他们，而是通过适当的引导去保护孩子观察的兴趣。

给孩子一个充满细小事物的环境

细小事物的敏感期与孩子专注品质的培养、细心品质的拥有都有着一定的关系。因此，当孩子处于这个时期的时候，父母可以尽量给孩子提供一个充满细小事物的环境。

 给孩子准备一个"藏宝罐"

父母的支持会让孩子更加快乐，所以当孩子对细小事物感兴趣并收集细小事物时，可以准备一个器皿让孩子的宝贝有个"家"。

利用饭桌时间

饭桌上的精细物品很多，可以利用这些东西让孩子充分体验，锻炼孩子的手眼协调能力。

当然孩子由于年龄小，在抓、捏一些细小事物的时候，往往不是一次能完成的，需要反复地练习。所以，在孩子专注于这些事情时，父母尽量不要打扰孩子。

第二章 2.5~3岁,关注孩子的敏感期

第一节 自我意识产生的敏感期
—— "我的，什么都是我的"

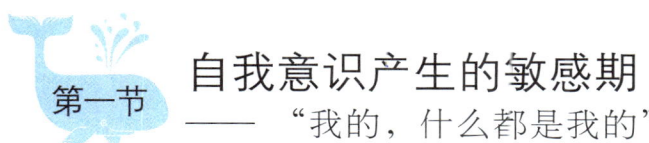

解读孩子的自我意识敏感期

在心理学研究上有这样一个例子，说的是一个幼儿园的小朋友，在走廊里拉了屁屁。就在老师去给她拿裤子的时候，她自己用纸把屁屁包了起来，老师回来时发现屁屁不见了，还以为是打扫卫生的阿姨打扫了。当老师给她擦屁股的时候，她告诉老师，屁屁已经被她扔了。但是在这之后一直到放学，这个孩子再也没有让别人动过自己的书包，包括平时可以动她书包的老师。由于最近一段时间，这个孩子经常不允许别人动自己的东西，所以老师也没有太在意。放学回到家之后，妈妈打开书包一看，大吃一惊。原来，她把自己的屁屁带回了家。再问孩子原因的时候，孩子的回答更是令人诧异："这是我的。"

看完这个故事你可能会因为孩子幼稚的举动而捧腹大笑。尽管这是一个比较特殊的例子，但是它却让我们了解到孩子成长的一个秘密，那就是自我意识的产生。

两三岁的宝宝，当他说"我要自己来"、"我的"的时候，就表明了孩子开始意识到自己具有影响周围人和环境的力量——这是孩子心理发展的第一次飞跃。有些父母因为习惯了孩子受自己的"摆布"：让孩子干什么，孩子就干什么；为孩子干什么，孩子就接受什么，因此当孩子突然变得有主见时，父母会十分不适应，觉得孩子在反叛、对抗。其实，这种抗拒是孩子心理迅速成熟的表现，也是独立性和自信心发展的好时机。

丁丁以前什么事情都是妈妈替他来做，洗脸刷牙、吃饭穿衣，都是任由妈妈摆布，但是这几天丁丁忽然对什么都来了兴趣，非要自己做。早晨起床妈妈给他穿衣服，但是丁丁就是不配合妈妈，嘴里还说着："我自己穿，我自己穿。"当

孩子要求"自己来"

当孩子有了独立意识之后，就会开始想要自己做一些事情，当父母帮忙的时候孩子就会不高兴，要求"自己来"。

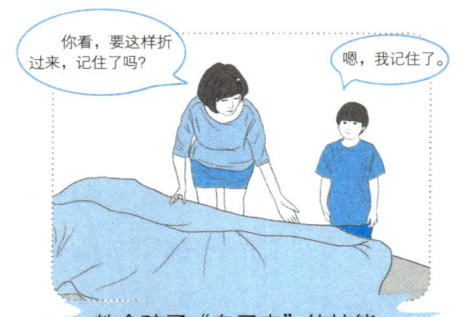

教会孩子"自己来"的技能

孩子的年龄小，能力不足，很多事情不能独立完成，因此，父母可以耐心指导，做好示范。

给孩子独立做事的机会

要在保证安全的前提下，多给孩子锻炼的机会，增强他的独立性。

提醒孩子，让他持之以恒

很多事情只是孩子一时兴起想做，他们的情绪并不稳定，父母要对孩子进行帮助和督促，提醒孩子按时去做该做的事。

另外，当孩子非要做他能力达不到的事情的时候，父母要耐心地给孩子讲清楚道理，让他明白不能做的原因，而不能只是简单地进行制止。

然,妈妈全然不管让他自己穿似乎不太现实,丁丁还不能顺利地自己穿上衣服,但是只要妈妈一伸手要帮忙,丁丁就会大叫。直到最后妈妈说再不穿上衣服就要上幼儿园迟到了,丁丁才在妈妈的帮助下穿上了衣服。

可是事情并没有结束,在洗脸的时候,妈妈给丁丁的小脸盆里接上水,丁丁又不乐意了,非要自己接水,妈妈让他再自己接一点,丁丁不同意,妈妈只好把脸盆里的水倒出来,再让丁丁重新接水,这下丁丁才不闹了。妈妈说丁丁最近总是这样,什么事情都要亲力亲为,别人帮忙也不可以。

孩子在两三岁后已经可以独立行走,思维得到了进一步的发展,语言能力也得到了开发,具备了表达自我、探索世界的能力。这个时期的孩子的心理已经有了一定的发展,因此当他按着自己的意识开始探索世界的时候,就希望自己的行为能够顺利进行,不愿意自己独立的行为受到限制和干涉,否则,孩子就会寻求自我保护或者反抗。因为此时的孩子正处于自我的敏感期,对阻挡他发展自我的行为是非常敏感的。如果父母制止,孩子就会强烈反抗,高声说"不",并大声哭闹!

当然,父母也不要被这种强硬的态度迷惑了,认为孩子已经想好了自己要做的事情了。其实,这个年龄阶段的孩子由于心理发展还不成熟,在思考问题的时候,也只能从一个维度考虑,根本无法考虑到事情的动机和后果,也没有什么判断能力,更没有分辨对错的能力,对于什么是危险的事情,什么是不危险的事情,根本不会区分。他的想法只是我想这么做,那么我就这么做。所以,当孩子做的事情有危险的时候,父母还是要想办法及时制止孩子的。

孩子似乎有点"自私"

在孩子2岁多的时候,很多家长就会发现,当其他小朋友来家里玩耍的时候,自己的孩子不愿意和别人分享自己的玩具,也不愿意让别人看他的故事书,就算

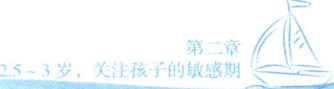

是自己平常不喜欢玩的玩具，只要别的小朋友拿起来，孩子就会立刻抢回来，坚决不允许别人动他的东西。自己的东西不让别人玩也就算了，当带着孩子去户外玩耍的时候，只要见到别的小朋友手里的玩具好玩，就会跑过去不由分说地抢过来，还振振有词地说："我的！"然后强行占为己有，妈妈总是被孩子弄得十分难为情。

这就是孩子开始在心里构建一个自我，开始出现自我意识了，他们会逐渐把自己和周围的环境和人区分开。当然，这个年龄阶段的孩子心理发展极其不成熟，还不能清楚分辨什么是自己的，什么是别人的，所以有时就会抢夺其他小朋友的东西。

笑笑虽然是个刚刚3岁的孩子，但是却十分"自私"，妈妈拿她也是一点办法也没有，每天都给她讲道理，让她学会分享，但是一点效果也没有。

平常的时候笑笑也经常到邻居家玩，每次去都是玩小妹妹的玩具，有时对于喜欢的玩具还非要带走，妈妈每次都强迫她给小妹妹放下，如果想玩的话第二天可以继续来玩，但是不能带回自己家里。但是笑笑根本不听，非说玩具是"我的，我要拿回去"，妈妈觉得十分不好意思，邻居笑着说让她拿回去玩玩再送回来嘛，一听到这样的话，笑笑就开心地拿回家了。

但是如果小妹妹到笑笑家玩，笑笑有那么多玩具，却一个也不让小妹妹玩，人家拿一个，笑笑就抢过来，说："这是我的。"就算是自己原本不想玩的玩具，这个时候也变得好玩了，统统要回来自己抱着。到最后小妹妹一个也没有拿到，就气呼呼地走了。等小妹妹走了，笑笑也就不玩玩具了。

有的孩子在这个年龄阶段已经开始上幼儿园了，但是即使是在幼儿园中，他们上学时所带的东西也坚决不允许别人碰一下，就连老师也不准拿他们的书包，就算是帮忙也不可以。有的孩子书包里的东西太多，自己又小，可能会背不动，但是他宁愿自己拖着书包走，也不愿意让老师帮忙背，就是因为这个书包是他的，他必须亲自拿着。当然自己带来的零食更是不愿意与别人分享了。在这个年

龄阶段的孩子，什么都是"我的"，好像他们唯一的事情就是看着自己所有的东西，除此之外的任何事情都不重要了。

这些时候父母常常感到不解，甚至感到难堪，觉得没法改变和说服孩子，甚至习惯性地把孩子的这些行为解释为孩子自私的表现。如果这种现象再持续下去，家长就会说，我的孩子怎么越来越自私了，什么都不让别人动，动不动就说

应对孩子的"自私"

虽然说这个时期的孩子都会让人感觉有点"自私"，却也没什么大的问题，但是，如果按照这样的思维方式发展下去，会影响孩子的人际交往，所以，父母还是要尽量引导孩子不要"自私"。

不溺爱，不给孩子搞特殊待遇

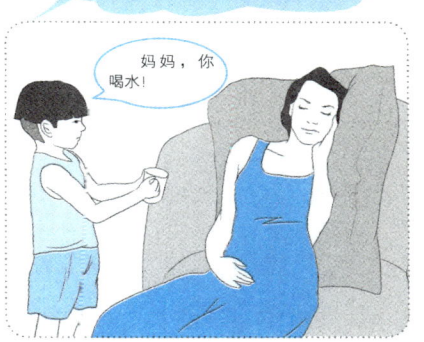

创造机会，让孩子懂得关心他人

及时提醒，帮孩子树立正确的价值观

不过父母要注意，对于自私的孩子不能简单地要求孩子大度一些，或者强迫孩子拿出东西与人分享，这种简单粗暴的方式根本无济于事，还会给孩子造成心理伤害。

"这是我的,这是我的"。实际上这个时候孩子的表现跟自私是毫无关系的,我们一定要区分清楚自我和自私的关系。自私是指在利益上发生冲突时,我们选择了损害他人利益,而满足自己的利益,这种行为才叫作自私。那么自我呢?指的是一个人可以按照自己的意愿、情感、心理和意志的需要行使自己的计划、支配自己的行为。那么,孩子为什么会有这样的表现呢?

孩子在一出生的时候,是没有自我的,他和世界浑然一体,孩子的成长过程就是一个心理自我建构的过程。在这个心理建构的过程中,最初孩子是通过占有属于自我的东西来区分自己和他人的,当孩子占有了自己的东西,当这个东西完全属于他的时候,孩子才能够感觉到"我"的存在,这也是孩子的自我诞生的标志。

此时的父母应该满足孩子的这种心理需求,不要谴责孩子的行为,这样,我们就给了孩子一个构建自我的良好环境。

"不"成了孩子的口头禅

1~3岁被心理学家埃里克森称为"自主与羞怯和怀疑的冲突"的阶段。在这个阶段,孩子会主动形成一种与外界的关联感,尝试着去认识自己的能力。他们渴望控制自己的心理需要和倾向,争着抢着要自己洗脸、洗手、穿衣服,喜欢按照自己的意愿去探索外面的世界。如果此阶段父母没有干涉孩子,让孩子去做想做的事情,孩子就获得了自主,就会觉得自己是独立的,很容易形成自信的人格。

孩子在1岁左右的时候,还处于认识自己身体的阶段,他们开始感知自己的身体不同于外界物体。到了2岁以后,孩子就可以到处跑了,他们的探索欲望更加强烈,心理成长也更快,迫切地想要展示自己的实力。到了这个时期,孩子就喜欢用"不"、"我自己来"来反抗别人。到了3岁的时候,孩子的自我意识会更强烈,喜欢自己动手做事情。所以,对于这个时期的孩子,如果做的事情没有什么危险,完全可以让孩子自己去做,父母顶多教教孩子怎么正确操作。

朗朗马上就要3岁了，但是妈妈发现朗朗还不如小的时候听话了，现在越来越难管教了。吃饭前，妈妈说："朗朗，洗小手了！"朗朗把手往身后一背，说："不洗小手！"妈妈刚一转身，他抓起一个馒头就往嘴里塞。

这孩子从前挺有礼貌的，但是那天家里来客人的时候，妈妈让他打招呼，他嘴巴一闭就是不吭声。妈妈和客人聊天的时候，他又做出各种夸张的动作，妈妈让他不要做了，他噘着嘴说："不要。"搞得妈妈非常尴尬。

妈妈告诉朗朗不能碰插板、插座什么的，有危险。可是朗朗就喜欢在电源旁边抠抠摸摸，害得妈妈只得每次用完电器就拔掉电源，并把插座堵上。而且最近，不知道朗朗从哪里学来了一句口头禅，总是说："我不，我就不！"有时候还歪着脖子好像故意和妈妈叫板似的。妈妈气急了就忍不住打朗朗的小屁股，可是看着小人儿哭得厉害，妈妈就忍不住心疼了。

但是过不了多久，同样的事情还会再上演。妈妈说："每次孩子的脾气上来，都把我气得火冒三丈，忍不住动手打他。可是每次打完我既心疼又后悔。我真的一点儿办法都没有了！"

其实，上例中的妈妈要是懂得孩子的心理发展过程，知道孩子在3岁左右会进入一个什么样的阶段，会有什么样的表现，那么她的情况就会好多了。

在孩子3岁左右的时候，自我意识的进一步发展，使得他们开始抗拒和拒绝别人的行为，开始有意识地练习使用自己的意志，比如用说"不"来显示自己的强大。他们陶醉在自己发出"不"这个声音的快乐感觉里。不管是和父母、老师还是小朋友在一起，也不管自己到底喜欢不喜欢、愿意不愿意，他们都用"不"来回答。

孩子为什么热衷于说"不"呢？这跟孩子的心理发展阶段有关系。这一阶段的孩子自我意识迅速增强，在这之前，孩子的自我意识还不成熟，他们会时常把自己和周围的事物混为一体。随着语言和运动能力的发展，他们与周围环境的接触越来越多，自我意识也就逐渐形成了。于是他们开始学会表达自己的愿望和要求，他们希望自己拿主意，构建自己能够主宰的疆域。他们之所以会用"不"来

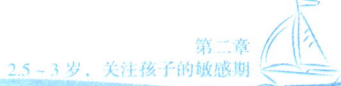

孩子学会了说"不"

3岁的孩子开始学会反抗父母，开始对父母说"不"，其实，他只是希望自己的行为不受父母的干涉。对此，父母可以这样做：

1 不要直接说任务

如果孩子对某一事物特别逆反，但又不得不做，父母可以先不对孩子说明，而是引导孩子不知不觉地去做。

2 让孩子自己决定

如果让孩子自己决定做什么、怎么做，孩子会因为要实践自己的决定而很配合。

3 先放一放

如果孩子正在做过分的事情，父母制止不听的话，不妨先放一放，孩子觉得父母不在意了自然就会停下来。

几乎每个孩子都会经历这个时期，孩子的表达能力有限，只能通过说"不"来表达自己的意志，因此，父母要理解孩子这个时期的心理，并加以细心引导。

反抗父母，无外乎是希望自己的行为得到父母的认同，希望自己对这个世界饶有兴致的探索不受到限制和干涉，让自己充分地发展自我。

所以当孩子开始频繁地说"不"来拒绝你的时候，不要把孩子的行为定性为"不知好歹"，更不要对孩子进行惩罚，而是把这个当作孩子长大的信号，给孩子做想做的事情的机会，不去触碰孩子的底线。这样做不但利于孩子自我意识的形成和发展，还有利于孩子各项能力的提高。

孩子的"自我中心"

在3岁左右的时候，孩子开始以自我为中心，也就是把自己放在首位，遇到事情往往从自己的角度出发，不重视甚至完全不顾及别人的想法和情绪。这是一种不良的人格倾向，不利于一个人的生存与发展。大部分父母都不希望自己的孩子是这个样子，但是对于一个3岁左右的孩子来讲，这却是自我发展的必经阶段。心理学家皮亚杰认为，3岁的孩子倾向于从自己的角度出发看待事物和进行思考，他们认为别人的思考和运作方式应该与自己的完全一致。因为孩子还没有意识到别人会有与自己完全不同的思考方式，所以皮亚杰把这个阶段的这个特点称为"自我中心"。

按照皮亚杰的认知发展理论观点，"自我中心"是个体心理发展的必经阶段。心理发展的每一阶段，都是由一种形式向另一种形式转变，即更高的形式代替了较低的形式。3岁左右的孩子自我意识发展的水平还比较低，不能清楚地区分主体和客体的关系，常常以自己的需要和兴趣为中心观察世界，认为周围的人和事物都跟自己密切相关。他们往往从"自我"出发来进行行为选择和活动设计，而不考虑他人。面对物质分配的时候，他们会表现出强烈的占有欲，不管别人怎么样。

小凯在小一点的时候是很听话的,自己手里拿着好吃的,只要妈妈说:"宝宝,给妈妈也吃一口吧。"小凯就会伸着手给妈妈吃。但是现在的小凯已经快3岁了,反而变得不听话了,尤其是对于一些食物和玩具,坚决不允许别人碰一下。

小凯非常喜欢吃虾,有一次妈妈煮了一盘虾,小凯自己肯定是吃不了这么多的,妈妈想着让全家都吃一点。但是当端到餐桌上的时候,小凯一下就把盘子拉到自己面前,自顾自地吃了起来。爸爸伸手要夹一只,小凯用手一挡,说:"这是我的,你不能吃。"对爸爸妈妈是这样,对别的小朋友更是霸道到了极点。一次邻居家的小朋友在家里睡着了,妈妈就拿小凯的小被子给小朋友盖上了。小凯从幼儿园回来看到自己的被子盖在小朋友身上,二话不说直接拉下来抱在怀里说:

谨防"自我"发展为"自私"

虽然孩子必须要经历"自我中心"的阶段,但是这一阶段的孩子很容易产生任性、霸道、自私的不良品质。因此,父母要积极引导孩子,帮助孩子顺利度过这一时期。

适度满足孩子的需求

有的孩子去抢别人的东西,是因为没有得到满足,所以条件允许的话,父母尽量满足孩子的需求。

引导孩子社会性的发展

多带孩子参加一些集体活动,孩子在与同伴的相处中,可以学会了解别人的需要。

不过,不管怎样,父母都要理解这个阶段的孩子都会有这样自私的表现,但是这种自私与成人的自私不同。只要加以引导,就可以改变孩子的这种状况。

"这是我的,不让他用!"妈妈只好又给小朋友重新找了一条被子盖上。

小凯现在做事情的时候从来不考虑别人,都要按照自己的想法去做,妈妈也经常教育小凯,但是小凯总是和妈妈顶嘴,说:"我不要,我的就是我的,不能给别人,看看也不行。"

面对孩子的这种强烈的占有欲,有的父母可能认为孩子有些霸道和自私。当然,"自我中心"还有别的表现形式,比如在生理方面,孩子饿了就要吃,自己喜欢吃的东西不允许别人吃等;在思维方面,孩子觉得哪里不合自己的心意就会发脾气,完全不顾及别人的感受;还有的孩子不愿意和其他小朋友分享,在社交方面表现得十分自私等。不管孩子的自我中心是以哪一种形式表现出来的,父母都要认识到"自我"是这个年龄段的孩子特有的心理、行为特点,是他们"精神胚胎"发展的阶段性产物,也是未来发展的需要。因此,父母要尊重孩子的心理需要,只有这样孩子的自我才能很好地建立起来,才会顺利地发展成为一个有自主意识、有判断力、有意志品质的人格健全的孩子。

喜欢和小朋友争抢玩具

孩子在两三岁的时候刚刚开始建立"我"的概念,此时,正处于自我意识萌芽的时期,这个阶段的孩子还不能将自己跟其他的事物完全区分开来,当然也不会站在别人的角度去思考问题。因此在孩子的眼中,只要是自己喜欢的,就可以成为"我的",自己也就可以随便玩。因此,父母会发现此时的孩子经常会抢夺其他小朋友的玩具,自己的玩具不舍得给别人,但是别人的玩具只要喜欢就会去抢。

似乎大家都有这样的一种心理,就是别人的东西总是比自己的好,孩子也是一样,越不是自己的东西,对他们的吸引力就会越大。有的时候同样的玩具在自

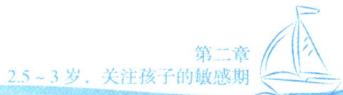

己家里根本不会玩，但是看到别的小朋友玩得开心，他就会觉得这个东西非常好玩，就想要这个玩具。如果父母把自己家里的同样的玩具拿出来，孩子并不喜欢，只是喜欢别人手中的那一个。

池池已经两岁零八个月了，但是最近池池有一个行为让妈妈十分生气，就是看到其他小朋友手里拿着什么好玩的玩具或者自己没有见过的新鲜玩意，就会一声不响地抢过来，抱在自己的怀里，有时玩完会再还给人家，但是如果自己没有玩够的话就会直接拿回家。

有一次妈妈带着池池在楼下玩，池池拿着玩具挖掘机在挖绿化带中的土。正好有一个小男孩也在那里玩，小男孩手里拿着几个小汽车在玩。刚开始的时候，池池只是蹲在路边，拿着自己的挖掘机看那个小男孩玩，但是可能觉得小汽车很好玩，看着看着就走到男孩的身边，伸手拿过一辆小汽车就自顾自地玩起来。那个小男孩一看自己的玩具被人抢走了，就哇哇哭起来。妈妈听到哭声就过来要求池池把玩具还给人家，可是池池把小汽车抱在自己的怀里，死活不肯松手。

最近池池经常这样，有时干脆把别人的玩具直接拿回家，家里现在还有好几件别人的玩具呢。妈妈打也打了，骂也骂了，实在不知道该怎么教育这个霸道的孩子。

当然，从上面的例子中，我们也可以看到，虽然孩子在这个年龄的时候还有很多的道理并不懂，有些行为也是因为到了这样的一个自我意识的敏感期才会产生，但是这样的抢夺行为，对孩子并没有好的影响。如果父母放任不管的话，长此以往孩子就会真的形成了霸道、任性的性格，对孩子心理的健康成长是十分不利的。因此，对于孩子的这种行为，父母首先要抱着理解的态度，不能责怪孩子，或者处罚孩子。但是，也不能任其发展。

其实，孩子的这种任性的、霸道的行为并不是不能教育的。在孩子强行抢走别人玩具的时候，父母要及时介入，告诉孩子：这个是别人的玩具，你可以玩，但是必须征得别人的同意。经过劝说，孩子可能就会懂事地去问别人的意见。当

图解 孩子敏感期行为心理学

然，有的孩子比较执拗一点，可能并不会听从父母的建议，执意去抢夺，这个时候父母可以为孩子提供一个好的方法，比如拿自己的玩具和别人交换着玩，给孩子树立一个交换的意识。

孩子爱抢玩具怎么办

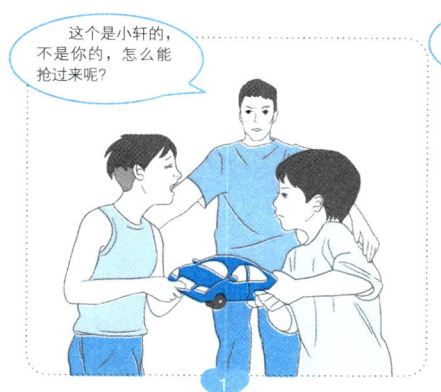

1. 教孩子分清物权，告诉孩子玩具是别人的，帮孩子改掉抢玩具的坏习惯。

2. 如果孩子真的想玩，教孩子礼貌地说出自己的要求，杜绝无理地抢夺。

3. 帮孩子建立交换的意识，让孩子和小朋友交换玩具，从而让孩子不再抢夺。

其实，这个时期的孩子还不能完全区分自己的和别人的东西，但是，只要父母细心引导，就能帮孩子改掉不好的习惯。

第二节 空间的敏感期
—— 喜欢在凳子上爬上又跳下

解读孩子的空间敏感期

当孩子的手、脚被唤醒，有了独立的资本以后，他就能够独立行走了。孩子认识到了自己和物的不同，知道自我是独立于外界的。这样孩子的心理就会不断成长和成熟，出现新的心理需求。在新的心理需求的作用下，他开始新的探索，他会探索这个世界上的这一物和那一物在位置上的区别、自我和物之间的关系、物和物之间的关系等。于是，空间敏感期就来到了。

由此，孩子就有了不断地在不同的地方爬来爬去的行为，或者把一个东西移过来移过去。渐渐地，他还会喜欢上往高处爬，从高处往下扔东西，把里面的东西取出来、把外面的东西塞进去，这其实是孩子认知空间的最初过程。他喜欢钻进不同大小的空间的感觉，喜欢爬上爬下、跳与跑，喜欢旋转、攀爬等。

月月两岁半的时候，爸爸带着她去郊外玩。那是很大的一片湿地，春夏之交，人们可以尽享暖阳和微风，非常的惬意！爸爸选了个好位置，把气垫充好气后，就开始了和女儿的快乐时光！

月月很快就被这里的开阔、丰富的景色吸引了，看什么都有趣，连走带爬地玩疯了。她抠树根、拔小草；一会儿爬上大石板跺跺脚，一会儿又手脚并用地爬

下来,扭头看看,又开始往上爬,累得哼哧哼哧的。突然,月月愣住了,盯着石板看了好大一会儿,然后用手抠了起来。原来石板上有一个小洞,月月看到小洞,就往里面塞小树叶,一边塞还一边"哇!哇!"地自己给自己助兴!

不一会儿月月玩够了这个小洞,又被树底下的土吸引了,树下的土可能被什么人刚刚铲过,非常松散,月月就开始堆土堆玩,还对爸爸说:"我要盖一个大楼!"当然,她的大楼和爸爸想的有点不一样,随便堆了一会就开始给爸爸介绍自己的大楼了,然后不等爸爸评价自己就推倒了,接着说要堆一个公园。孩子的世界大人真的好难懂啊。

月月显然是进入了空间的敏感期,开始对世界展开了新的探索,着迷于空间的建立。这个时期的孩子的探索欲望会更加强烈,受内在心理的驱使,孩子有了向更广阔领域发展的欲望。孩子的空间感不是大人所想的那样靠想象营造出来的,而是靠身体感觉出来的;也不是长大后在课堂上习得的,而是小时候就建立起来的。虽然孩子是有吸收性心智的,但是孩子要借助于外在的环境才能完成内在能力的觉醒。所以家长只有尊重生命的自然法则,才能让孩子顺利而成功地成长。爬、走、上下楼梯、钻洞洞,孩子不断突破极限,创造自我,建立空间意识。虽然这个过程孩子会很累,但是他们乐此不疲,因为他们在努力地创造一个独立的自我。

孩子在3岁以后空间感会进一步加强,此时,他们最热衷的就是不断地堆积:在沙滩上堆积沙堡,堆成之后再推倒,再堆再推倒;在家里堆积木,堆好之后推倒,再重新堆……他们有时甚至对着推倒的作品哈哈大笑,一点儿也没有自己的作品被销毁后的失落。因为这是他们在建立自己的空间感,他们在感受这种建立的快乐。

带领孩子感受空间

为了让孩子很好地度过空间敏感期，使孩子在对空间有了良好感知的基础上，拥有对空间的把握能力，家长可以通过一些小游戏来支持孩子的行为。

掏着吃

吃袋装或罐装的食物时，可以和孩子玩掏出来、放回去这样的游戏，这样"进去"、"出来"的语言，可以让孩子了解空间。

拉小车

可以买一辆小车，系上绳子，让孩子拉着玩，车里面也可以随便放东西，可以说"前面"、"后面"、"里面"这样的词语来培养他的空间感。

钻洞洞

在这一敏感期的孩子会对洞很感兴趣，父母可以制造一些洞让孩子钻，还可以加深亲子感情。

当然，最主要的还是给孩子足够的时间和空间，让孩子能够自由探索，这样不仅可以锻炼孩子的空间感，也能提升孩子的自信。

家长不要干涉孩子的探索

空间敏感期是所有敏感期中最有趣的一个敏感期，因为透过空间，我们被一下子界定在一个位置，这个位置在早先还是一个感觉状态，在其后的发展中，位置就逐渐转换秩序。如果没有对空间的感知，就不会发展出更为抽象的秩序。

所有的孩子在出生的时候从子宫摔落到一个大空间中，首先他体验的必须是空间。他要在空间中体验空间，使用自己的身体体验空间，然后透过超越自己的身体，探索这个物质世界的空间，才能够把自我跟现有的物质世界完好地结合在一起。

我们设想，幼儿早期可能以为自己和外界是一体化的，要明白自己和他物是分离的、物与物也是分离的道理，幼儿需要2~3年的时间。当他能够行走、使用手时，移动身体就成为幼儿早期探索世界的集中表现。手的敏感期、走的敏感期、空间的敏感期接踵而至，使孩子开始"征服"他能够涉足的任何地方。

茵茵在两岁多的时候几乎已经可以到任何地方了，高一点的地方她可以爬上去，小的地方她也会想办法把自己塞进去，几乎没有什么地方是她不能去的。虽然茵茵是个女孩子，但是却一点也不文静，总是上蹿下跳的，妈妈觉得这是孩子的天性，所以并没有阻拦茵茵，只是跟在茵茵的身后保护她。

一天下午，妈妈带着茵茵去楼下玩。玩了一会儿，只见她冲着石阶外一片茂密的植物迅速爬了过去。已经接近石阶边缘了，她还丝毫没有减速，这时候妈妈反应过来——石阶外的地比石阶矮很多，植物的高度却与石阶相近，茵茵不知道那是一个大陷阱！说时迟那时快，茵茵的左手已经重重地按在叶子上了，整个人头朝下栽了下去，叶子一阵晃动，茵茵不见了，只剩下一双穿着粉红色小鞋的脚在石阶上挂着。妈妈冲到石阶边，手忙脚乱地抓着那双小脚把茵茵捞了上来。

茵茵身上并没有受伤，而且也没有哭。妈妈定定地看着她，出乎意料的是，茵茵丝毫没有害怕，而是有些迷惑的样子！茵茵挣脱开妈妈的双手，自己又迅速

向石阶边爬了过去，但是在离石阶30厘米远的地方停了下来，俯下身子，慢慢爬到边缘，极其小心地伸手去按叶子，又退了回来，又向前爬，按了按叶子，然后转身又爬下来了。这个时候茜茜的眼睛里充满了笑意，而不是刚才的迷惑了，妈

鼓励孩子去探索

孩子都是希望通过自己的方式去探索、尝试，去了解这个世界。而孩子也需要这样的探索来不断成长。

给孩子探索的自由

"他在探索世界呢，我们等他一会儿就好了。"

"别玩了，快走！"

给孩子足够的自由，让他按照自己的步伐去探索，这才能给孩子真正的快乐。

和孩子一起探索

"躲到哪里了？妈妈找不到了。"

和孩子一起探索，不仅能满足他的探索欲望，更能丰富孩子的生活经验和社会经验。

"洞的那面是什么呀？"

"妈妈也不知道，你觉得会是什么呢？"

鼓励孩子对空间的想象

孩子在探索的过程中会有很多的问题会问，这个时候，父母可以不直接给出答案，而是鼓励孩子思考，增强孩子的想象力。

总之，探索、尝试是孩子的天性，假如孩子对于空间的探索能够得到父母的支持，孩子将会从中学到更多的知识，成为孩子继续探索世界的动力。

妈知道，这个时候的茜茜已经什么都明白了。

空间敏感期可能给家长造成的危机感比较大。很多妈妈因为害怕，不许孩子趴在桌子上，不许从窗台上往下跳，不许孩子钻到一个小地方……实际上很早的时候国际上就有一个"视崖实验"：儿童在玻璃上爬行，但凡看到玻璃板下面有一个在视觉上出现低洼的部分都不会爬过去。这证明儿童对环境的把握是有天然的自卫意识的。我们可以跟在孩子几米以外的地方保护他，而不要没完没了地唠叨，不要设置那么多的限制，不要在孩子刚有点不平衡的时候就把手支上去扶住。妈妈需要有承受危险的心理准备，不要把这种危险说给孩子，这会给孩子带来巨大的危机感，破坏孩子自己保护自己的能力，同时也使孩子丧失了探索世界的机会。

所以我们要告诉家长一句话：给孩子爱和自由。所有的孩子在这个年龄段都会有这样的心理需求。对空间的探索也会让孩子的心理得到快速的成长。这是一个孩子自我创造的过程、一个突破极限的过程。

对孔情有独钟

在儿童心理学家蒙台梭利看来，有两样东西与人的智慧密切相关，那就是舌头和手。当孩子能够自由地使用自己的手时，手就成了他展示智慧的工具。

孩子用手去抓东西、扔东西等，那就是孩子在用手探索。随着孩子的成长，他就会用手去插孔，像插吸管、钥匙、瓶塞等，而且会反反复复地去做这个动作。实际上，孩子用手去插孔来探索空间也是在提升他的动作能力，锻炼他的手与眼睛的协调能力，同时也锻炼了手部的肌肉，增强了他的专注力。

在空间敏感期时，孩子出现插孔等行为是十分正常的，这表明孩子的手有足够的灵活性。

刚刚3岁的齐齐每天都会有很多玩具，而且这些玩具还在不断地变多，妈妈并没有给齐齐新买玩具，这些玩具都是齐齐自己搜集的。原来是夏天到了，很多人都会喝饮料，街上也有很多别人扔掉的饮料瓶子、奶盒子之类的东西，齐齐都会搜集起来带回家，然后就会玩很长时间。你可能会问，这样的东西有什么好玩的呢？但是对于齐齐来说，这些东西却比妈妈买的玩具小汽车还要好玩，他每天都会不厌其烦地把吸管插到饮料盒的插孔里，然后再拿出来，再插进去，就这样他可以安静地玩上一个小时。

有些饮料盒子的插孔非常小，齐齐的小手无论如何都对不准那个小孔。但是齐齐也不生气，就一直努力去尝试。后来经过不懈努力，他好不容易才把吸管插了进去，齐齐自己还长长地出了一口气，就好像刚才一直是屏住呼吸的一样。

允许孩子探索空间

孩子在空间敏感期时，总是对孔、洞十分感兴趣，只要看到就会不停地探索，乐此不疲。对此，父母应该：

允许孩子自由地插孔

孩子只有自由地探索，才能享受这个敏感期，才能让心智与动作共同发展。

不要呵斥孩子

孩子并不是在捣乱，只是在探索，因此父母不要呵斥孩子，消灭孩子的探索欲望。

其实，只要父母耐心对待孩子，孩子有了充分的探索，顺利度过这一敏感期，孩子的心智就会成长一大截。

现在齐齐已经很容易就能把吸管插到饮料盒的插孔里了。尽管如此,齐齐还是对这件事情非常感兴趣,每次到街上,只要看到饮料盒子就会带回家。有时也会带回一些盖着盖子的饮料瓶子,齐齐就会把盖子都拧下来,然后自己再盖上去,拧下来的时候容易,但是往上盖的时候却常常出现差池,这个时候,齐齐又会发扬他不放弃的优点,一点点地摸索,直到最后成功盖上并拧紧。

很多家长看到孩子无缘无故地到处插孔时,就会感觉孩子是在捣乱,有时会不耐烦地呵斥孩子。这些父母显然是不了解孩子在这一敏感期的心理,只是想把孩子培养成一个听话的、循规蹈矩的孩子,于是才会想方设法地约束孩子的这些"破坏性"的行为。

但是很多父母眼中的乖宝宝的感受空间的能力、想象力、创造力、智力潜能、动作协调能力都会比较差。其实,孩子到处插孔的行为并不是孩子在捣乱,只是孩子探索空间的正常表现。父母只要欣赏孩子的游戏过程就好,但也可以适当地引导孩子,切记不要呵斥,更不能打骂孩子。

垒高成了孩子的新游戏

孩子通过抛撒、移动物体来探索空间,感知他和物品、空间之间的关系。

孩子在1岁多的时候就能把积木垒得高高的,而且也会推倒积木,当妈妈的因此也会觉得孩子十分可爱,并为孩子的这一举动开心不已,孩子就会对这件事情更加感兴趣。但是这个时期的孩子对垒高有兴趣大多是因为父母等的反应,他们喜欢这样的反应,而不是对垒高这件事情本身感兴趣。

孩子在3岁左右的时候,往往垒高就成了他们非常喜爱的一种游戏。他们会把积木一块一块地垒起来,然后推倒、再垒高、再推倒……不厌其烦。不仅仅是积木,有时他们还会把家里的东西搬到一起,摞起来,然后推倒、摞起来、推

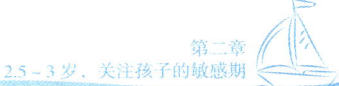

倒……其实，垒高是对空间感受的一个过程，这个敏感期有可能会推迟到孩子的小学阶段。

可以这样说，将物品垒高的过程就是一种积极主动的思维过程和心理不断发展的过程。在不断地垒高、推倒、重垒的过程中，孩子逐渐建立了三维空间感，

关于孩子的垒高行为

孩子对于空间概念的理解都是通过游戏获得的，而垒高就是很好的了解空间的游戏。所以，对于孩子的垒高行为，父母应该做到：

1. 让孩子拿安全的物品垒高

安全对于孩子是最重要的，一定要注意检查孩子垒高的物品是否安全。

2. 别禁止孩子的垒高行为

孩子喜欢反复垒高、推倒，父母可能觉得无聊，但是孩子享受这个过程，因此不要去禁止他。

3. 和孩子一起做垒高的游戏

和孩子一起垒高，不仅可以锻炼孩子，还能增进亲子关系，何乐而不为呢？

在垒高的过程中，孩子不仅可以感受空间，还会锻炼手、眼、脑的协调能力，这是个非常好的儿童游戏，只要在安全的情况下，父母不必过于担心孩子。

并促进了孩子的视觉、触觉、想象力和创造力的发展，同时促进孩子心理的成熟和大脑的发育。

"哗"的一声，2岁6个月大的希希又将豆子撒了一地。这已经是第三次了，妈妈看了一下满地的豆子，再看看兴高采烈的希希，就知道暂时不能指望她能将豆子归位了。妈妈就走过去把豆子再收起来，希希很快就发现妈妈在不停地将豆子归拢，这个发现让希希更起劲地将豆子撒到其他的地方。伴随着豆子"啪啪啪"落地的声音，希希的脸上露出微微的惊喜。

不只是豆子，希希还喜欢把积木堆高再推倒。一天下午，希希认真地把积木一个一个摆好，再一点一点摆上去，逐渐加高了高度。但是，还没有垒到多高的时候，积木就自己倒塌了，虽然希希很喜欢推倒积木，但似乎并不喜欢积木自己倒下去，于是赶忙又开始重新垒高。这次，希希拿着积木，有些迷惑，不知道该怎样摆才不会倒塌。这时妈妈就给希希指了指体积大一点的积木，希希就把大的积木放在下面，再在上面逐渐放小的。果然，这次没有半途就倒塌。

在妈妈的帮助下，城堡很快就垒完了。看着高高的城堡，希希开心地笑着，但是没有几秒钟，希希就伸手将城堡推倒了，自己还开心地拍着手哈哈大笑。每次希希都会把全部的积木推倒，一个都不剩，然后就开始新一轮的搭建工程。每次这样反复垒高、推倒、再垒高、再推倒……这样希希可以玩一整个下午，乐此不疲。

由于孩子是通过物体的位置来感知空间的，而且孩子对空间概念的理解都是在游戏中获得的，所以，父母可以借这个机会让孩子了解更多的空间概念。就如上面例子中的希希，在垒高的过程中感知空间，在和妈妈一起玩游戏的过程中了解空间概念，让孩子明白大的物体放在下面就会比较牢固的道理。

同时，在拿物品并垒高的过程中，孩子的肢体肌肉也能得到良好的锻炼，手、眼、脑的并用也逐渐趋向协调。所以，父母要支持孩子的垒高游戏，不要因为自己觉得这样重复的游戏没有意思，就禁止孩子垒高。

第三节 秩序敏感期
—— 需要一个稳定且有秩序的环境

解读孩子的秩序敏感期

对幼儿来说,世界是以一成不变的程序和秩序而存在的,这种程序和秩序进入幼儿的内心,会成为幼儿最初的内在心理逻辑。秩序的敏感期一般在2岁左右的时候到来,到3岁的时候,会发展到执拗的地步。一般来讲,处于秩序敏感期的孩子在构建内在秩序的同时,对外在的秩序会有以下的要求:场所、位置、空间、时间、顺序、所有物、约定、习惯等都要按照常规走。如果外在的表现不符合他内在的秩序,他就会不开心或者大声抗议。

儿童心理专家分析,儿童秩序的敏感期呈螺旋式上升的三个阶段:第一个阶段,为秩序的破坏而哭泣,秩序一旦恢复就会安静下来;第二个阶段,为了维护秩序而说"不",自我意识开始萌芽;第三个阶段,为了维护秩序而执拗,一切要重新来。

多多3岁了,已经上幼儿园了,妈妈每天下午都去幼儿园接多多回家。这天妈妈接多多回来,刚上楼梯,多多就不乐意了,大声说:"我先上!"妈妈就站在台阶上等着多多,说:"好,你先上,你上了妈妈再上。"但是多多还是不乐意,非让妈妈下来,等自己上去之后,妈妈再重新上去。妈妈无奈,只好退下来，看着多多迈上去，再一步步地跟着走。

平常一家人吃饭的时候都是多多挨着奶奶坐，有一天爸爸挨着奶奶坐下了，多多发现后就开始哭闹，说爸爸占了自己的位置，让爸爸走开。妈妈告诉多多今天奶奶累了，不能喂多多吃饭了，今天妈妈来喂多多吃饭，但是多多还是不同意，最后没办法爸爸还是换了个位置，让多多坐在了奶奶身边，然后妈妈又坐在多多的另一边，这下多多才不闹了。

晚上睡觉时，妈妈怕多多掉下床去，让多多睡在爸爸妈妈中间，爸爸在多多的左边，妈妈在多多的右边。每天晚上睡觉的时候，多多都会给大家规定位置，哪天爸爸妈妈的位置不是这样的，多多就不乐意了，非要他们调换过来不可，要不就又哭又闹。

和孩子的内在秩序配对

孩子自己有一套内在的秩序，这个秩序对于孩子的成长非常重要，因此，父母唯有配合，为孩子营造一个有秩序的外在环境，孩子才能顺利成长。

给孩子提供有秩序的环境

父母先要给孩子创造一个有秩序的环境，才能影响孩子，让孩子逐渐增强自己的秩序感。

从小事培养孩子的秩序感

从小告诉孩子先洗手再吃饭、进门先脱鞋等，从这些小事中逐渐培养孩子的秩序感。

当然，孩子在敏感期的反应会有些固执，但是良好的秩序感建立的过程，也是孩子健康人格培养的过程，父母要尊重孩子敏感期的反应。

孩子如此要求"和从前一样",就是因为多多正处于秩序的敏感期,希望事情能够根据自身内在的秩序来完成。

处于秩序敏感期的孩子对于秩序的完美,有着一种近乎顽固的追求,比如,东西就应该放在哪里、哪件事就应该先发生、谁应该做这件事等。父母可能会觉得孩子太执拗了,其实秩序是一种有条理地、有组织地安排各构成部分,以求达到正常的运转或者良好的外观的状态。孩子在这个时期构建好了内在的秩序,将来就可能是一个有秩序、懂规则的人。

处在秩序敏感期的孩子会对秩序表现出强烈的心理需求和喜爱,尤其是在对顺序性、生活习惯、所有物的要求上。秩序不仅是指物品放在适当的地方,还包括遵守生活规律,理解事物间的时间、空间关系,以及对物体进行分类,并找出它们之间的关系。当孩子从环境里逐步建立起内在秩序时,智能也会逐步增强。

秩序敏感期对孩子成长的重要性

著名的儿童心理教育专家蒙台梭利在《童年的秘密》一书中提到,孩子从出生到2岁多是对秩序最敏锐的时期,因为他需要一个有秩序的环境来帮助他认识事物、熟悉环境。一旦他所熟悉的环境消失,就会令他无所适从。到了3岁的时候,孩子对于秩序的要求就会达到执拗的程度。例如,妈妈没有像往常一样先让孩子上车,而是自己先上了车,他就一定会坚持让妈妈下来,等自己上去后妈妈才可以上去。

如果孩子从小生活的环境是一个拖鞋到处放、衣服满屋扔、地上的垃圾随处可见的环境,那么孩子长大后,让他生活在干净、整洁、有序的环境里,他反而会非常不习惯。

诗诗是个漂亮的小女孩,平常也十分乖巧懂事,邻居们见了诗诗都会夸上几

句。但是,诗诗也是有自己的脾气的,别看小家伙才刚刚3岁,可是十分有条理呢。

一天早晨,妈妈在打扫卫生的时候,也把诗诗小床上的床单换了下来,诗诗的床头上摆着爸爸妈妈给她买的毛绒玩具。妈妈重新铺好床单之后,就把玩具一个一个重新摆好。但是诗诗从外面回来看到自己的玩具之后就大哭了起来,妈妈还没明白诗诗为什么要哭呢!诗诗带着哭腔说自己的小青蛙应该摆在最前面,小兔子也不是摆在那里的。原来,是妈妈没有注意玩具的摆放顺序!等妈妈重新按照原来的样子摆好之后,诗诗马上就破涕为笑了。

还有一次,妈妈送诗诗去幼儿园,幼儿园都是有校车来接的,妈妈只需要把诗诗带到等车的地方就可以了。可是诗诗上车之后就哭了起来,妈妈赶紧上去问怎么回事,诗诗指着最后一排的一个小女孩坐的位置说:"这是我的位置!"原来,诗诗每次都是坐在最后一排靠窗户的位置,这次另一个小女孩坐在那里了,诗诗觉得那个是自己的位置。老师只好请那个女孩换了一个位置,诗诗坐到原先的位置,这才好了。

诗诗这是因为处于秩序的敏感期,才会有这么多奇怪的行为。这个时期的孩子觉得原先是怎样的,就应该一直是那样,不能随便改变。之所以会有这样的想法,是因为当婴儿出生以后,他周围就有了一个相对于子宫来说极为广大的空间,那里有极其丰富的事物。由于对于周围环境的未知,孩子就会产生一种对环境的控制欲望,这种欲望就是对秩序感的心理需求。只有一遍遍重复原有的秩序,才能不断巩固安全感。直到孩子把握了秩序的恒定性,内化了守恒的概念,直到在一定范围内秩序即使改变了也不会产生影响,孩子才能进一步发展。

没有了秩序感就像在森林里迷路一样,让人摸不着头绪,总是忐忑不安地不知道下一步会碰到什么样的状况。因此,孩子如果从小就生活在毫无秩序且杂乱无章的环境中,孩子的情绪以及任何发展,甚至专注力都会受到影响。我们看到有不少两三岁的孩子无法将精力固定在任何一件事情上,无法持续地完成一件事情,他们到一个地方,只要看到好玩的东西,想也不想,看也不看,冲过去就抓,抓到之后还没玩几分钟,就毫无理由地扔掉,再去抓下一个。这样的孩子一

孩子在秩序敏感期会让所有物品都归位

在秩序敏感期的孩子，有一种把物品归位的冲动，如果不归位，孩子就会感到焦虑。那么父母该怎么做呢？

1 理解孩子的归位行为

这不是孩子任性，只是内心的秩序不愿意被人破坏，所以，父母应该理解孩子的这一行为。

2 借机培养孩子的自理能力

比如让孩子把鞋摆放好等，当孩子做这些的时候，就鼓励他，表扬他，强化孩子的这种行为。

3 与孩子一起做一些归位游戏

秩序感对孩子的成长有积极的推动作用，因此，父母可以通过一些小游戏增强他的秩序感。

当然，归位只是秩序敏感期中的孩子的一种行为，在这个时期，孩子还会有很多要坚持的事情。对此，父母只要多理解孩子，配合孩子，就可以帮助他们顺利度过。

般是秩序感被破坏掉的、内心紊乱的孩子。

另外，秩序感还是道德意识的起源之一。当一个孩子为了没有摆整齐的积木焦急、为了掰成两半的面包大哭的时候，那是因为他认为整齐、完整是对的，凌乱、两半是错的。事物有了对错之分，行为自然也有好坏、正误之分，孩子的自律感应运而生，孩子开始意识到什么是标准的、正当的，开始把行为和后果联系到一起。从这一点上来讲，顺利度过秩序敏感期对孩子道德意识的形成有着至关重要的作用。

孩子乐于给物品找主人

其实秩序敏感期，最早在孩子三四个月大的时候就出现了，但是因为孩子不会表达，而妈妈又对此不太了解，所以很多情况下，妈妈常常会误解孩子的意思。当孩子3岁左右的时候，他就会对秩序非常敏感，而且，这个时期的孩子已经善于表达了。

对于处于这个敏感期的孩子来说，秩序真的很神奇，他们会把所有的东西都按照原有的顺序摆放，因为在他们看来，周围的环境就是一个彼此相连的整体，已经在他的头脑中留下了深刻的印象，这就是秩序。只有在有秩序的环境中，孩子才会感到安全。这是这个时期孩子的心理特点，父母了解了孩子的这一心理特点，也就明白了孩子为什么如此执着于秩序。因为在那种没有安全感的环境中，孩子很难对周围的环境进行有效的认知，所以他们常常会哭闹。

贝贝3岁了，她的秩序感非常强，家里的东西都要按照一定的顺序摆放，吃饭的时候每个人都有每个人的位置，不仅自己必须坐在那个位置上，还不允许爸爸妈妈交换位置。除此之外，家里的每样东西，贝贝都知道它的主人是谁，只有主人才能用，如果别人用了，贝贝就会生气。

面对孩子的秩序敏感期父母需注意

孩子如果看到有人破坏了规则，或者有人使用了别人的物品时，就会认为规则被打乱了。因此，父母需要做到以下几点：

满足孩子的要求

在这个时期，父母要尽量满足孩子的要求，他们不是任性、固执，只是因为到了秩序的敏感期。

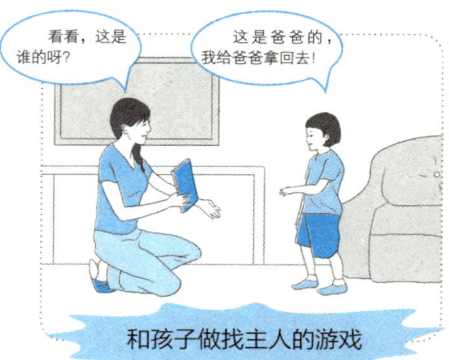

和孩子做找主人的游戏

通过这样的游戏，孩子不仅学会了一些物品的名称，还能增进亲子间的感情。

给孩子一些专属物品

给孩子一些专属物品，让孩子来管理，还能增强孩子的责任心。

让孩子物归原主

这个时期如果孩子了解这个物品并不属于自己，孩子就会还回去，从而减少孩子抢夺别人东西的情况。

有一次妈妈下班回家后换拖鞋，正好爸爸的拖鞋就在一边，就直接换上了爸爸的拖鞋，这下贝贝可不允许了，对妈妈说："这是爸爸的拖鞋，你不能穿，不能穿！"非让妈妈换下来不可，可是妈妈下班有些累了，就没有理贝贝的要求，直接坐在沙发上了，贝贝就走到妈妈身边给妈妈脱鞋，抬不动妈妈的腿就开始哭。最后妈妈没办法了，就换下来了，这下贝贝才不哭了，自己把爸爸的拖鞋放回原来的地方。等爸爸回家后就赶紧跑到爸爸的身边，把爸爸的拖鞋递上去，还不忘向爸爸告妈妈的状。

上面例子中的贝贝是在给物品找主人，这是3岁左右的孩子处于秩序敏感期时的一种常见的表现。由于孩子需要一个有秩序的环境来帮助他们认识事物并熟悉环境，所以他们就会喜欢给物品找主人，并且认为他所遵守的原则每个人都应该遵守。到了秩序敏感期的年龄阶段，孩子对这个陌生的世界已经开始有了自己的感知与认识，在他的脑海中逐渐形成了一些固定的秩序。一旦他所熟悉的规则被打乱，孩子就会感到无所适从，甚至因此感到焦虑，用哭泣、发脾气来要求物归原主。

不合要求就要重来

很多妈妈都有这样的经历，就是孩子在3岁左右的时候突然变得很固执，他有自己的一套程序，如果事情没有按照这样的程序来，或者父母没有理解他的意图而导致事情出现偏差，他会固执地要求重来。

很多不了解孩子这个时期的心理特点的父母都会感到十分苦恼，因为当孩子对秩序的追求逐渐增强时，就会开始对秩序感追求完美。比如，每天回家开门的时候，都是孩子来开门的，如果父母有时着急直接打开了，孩子就会生气，非要让大家都出来，关上门，然后他重新打开，这才罢休。

所以说，父母在孩子出现不断地重来的时候，一定要理解孩子在处于秩序敏感期时追求秩序的心理特点，满足孩子的心理需求，让孩子尽量顺其自然地发展。

敏敏已经2岁半了，当然自己还是不会上厕所，每次可以自己脱下裤子，但是不会自己提上去，因此每次上厕所都是要妈妈陪着去才行。每次去的时候，敏敏都要自告奋勇地去开灯关灯，然后还会自豪地问妈妈："妈妈，我厉害吧？"妈妈就会配合地说她厉害，敏敏就会非常高兴。

但是最近敏敏变得特别的固执，如果事情没有按她的意思去做，就大哭大闹，妈妈真是拿她一点办法也没有。有一次去厕所的时候，进去的时候是敏敏开的灯，等出来的时候，妈妈顺手把灯关上了，这下敏敏可就不乐意了，站在门口就不走了。妈妈想可能是因为没有让她关灯，就把灯又打开，让敏敏来关，但是敏敏还是不乐意，也不去关灯。而是让妈妈从卫生间出来，然后牵着敏敏的手进去，敏敏打开灯，然后再走到门口，自己伸手关上灯，这才罢休。

还有一次要出门的时候，妈妈替敏敏换好鞋之后系上鞋带，准备出去，但是敏敏指着鞋带说："解开，解开，我自己系鞋带，你快给我解开。"敏敏已经自己会系鞋带了，只是速度非常慢，妈妈说来不及了，等下次再自己系鞋带，可是敏敏马上就哭了起来，怎么也不肯走。最后还是妈妈妥协了，把鞋带解开，等着敏敏慢慢地系上鞋带，等出门的时候已经赶不上那班车了。

对于敏敏最近的固执表现，妈妈真是烦躁不已，却不得不听从敏敏的指挥，要不然这个小家伙就会哭闹不止。

很多妈妈都有敏敏妈妈一样的烦恼，可是面对孩子的哭闹又只能妥协。其实，一般来说，在一些非原则性的问题上，孩子如果是坚持按照自己的方式去做，父母不必去勉强孩子，顺其自然就好。可能孩子在小一点的时候，是比较听话的，会按照父母的要求去做事情。但是处于秩序敏感期的孩子，心理发生变化，有了新的心理特点，他们希望一切都是按照原来一定的顺序来进行的，一旦

打破了这个秩序，孩子心理就会失去安全感，他们就会觉得这样是不对的，因此不断地要求重来。

耐心对待处于秩序敏感期的孩子

在孩子的秩序敏感期内，父母一定要有足够的爱心和耐心，如果不能保证孩子顺利度过这个阶段，孩子会因此而受挫。那父母又该做些什么呢？

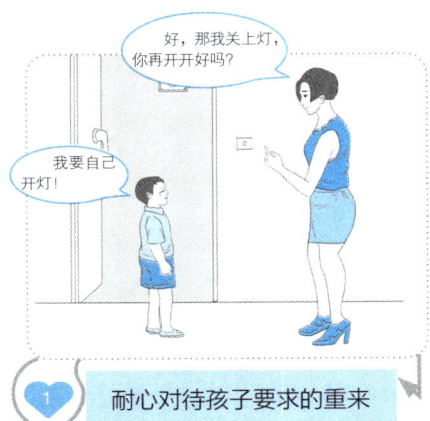

1 耐心对待孩子要求的重来

父母不要觉得孩子太过计较而嫌他麻烦，更不能因此对孩子发火。

2 主动提醒孩子按照规则去做

如果父母直接替孩子做了，孩子就会哭闹，所以，父母可以主动提醒孩子去做。

3 用秩序感培养孩子做事的条理性

比如在吃饭的时候，教育孩子让长辈先吃，帮孩子养成长者先、幼者后的习惯。

所以说，只要父母善于引导，孩子在秩序敏感期可以养成不少好习惯。

第四节 模仿敏感期
—— 大人做什么，孩子也跟着做什么

解读孩子的模仿敏感期

从心理学角度来讲，模仿是每个人都具有的一种心理机制，或者说是一种本能。在日常生活中，每个人都有过模仿行为，即有意或无意地效仿和再现与他人类似的行为。可以这样说，模仿效应在教育中非常重要，它是基本的学习手段，也是我们人类创造发明的基础。事实上，孩子在婴儿时期就表现出了爱模仿的天性，比如孩子的牙牙学语就是对成人语言的模仿。孩子刚生下来就像一张白纸，之所以学会了各种各样的本领、思想以及行为方式，很大程度上都要归功于模仿。

2~3岁的孩子正处在一个喜欢模仿的阶段。模仿是指孩子重复原型所显示的行为，这表明孩子的心智已经发展到了领悟和掌握某种行为背后的能力的时候了。

模仿是孩子对自己身体行为的一种确认，就好像孩子可以停在某一系列的动作中，然后将此动作重复出来，最终形成自己的能力。当然，这只是刚开始的模式，发展到后来，当然是对更抽象的事物的模仿，比如，语言、个人气质、风格等的模仿。在这个时期，周围人在不经意间的一个动作、一句话，甚至是一个眼神，孩子都能模仿得惟妙惟肖。

见见今年3岁了，最近一段时间，妈妈发现见见总是见到什么就学什么，酷爱模仿别人的一举一动，一个动作、一句话，甚至别人打个喷嚏他也要学一下。

一天上午，妈妈带见见去商场，见见一下子就看见了一台玩具挖掘机，就开始嚷嚷着让妈妈给他买。但家里已经有好几台玩具挖掘机了，没有再买的必要了。妈妈就开始试图转移见见的注意力，让他暂时忘记挖掘机。可是，见见却不为所动，一直闹着要买那台挖掘机。妈妈问他："为什么非要买那一台呢，家里不是有好几台了吗？"没想到见见说："这个和凉凉的一样，我就要买。"凉凉是每天和见见一块玩的小男孩。就因为这个和凉凉的一样，就非买不可。对比，妈妈十分无奈。

还有一次去超市的时候，妈妈推着购物车往里面拿东西，妈妈拿什么，见见就跟在妈妈身后拿什么。妈妈说不需要买重复的，不让见见拿，可是见见却像玩

孩子的模仿行为

对于孩子来说，模仿有着深远的意义，父母应该想尽办法，让模仿发挥最好的效用。

增强孩子的各种技能

父母可以利用孩子的模仿，让孩子熟悉或掌握一些以前不会的新技能。

让孩子有选择性地模仿

孩子对别人的语言和行为的模仿没有选择性，因此，父母要为孩子把关，引导孩子选择正确的模仿对象。

不过，最重要的是，父母在教育孩子的时候，与其让孩子记住一些事情，不如注重身教，让孩子进行模仿。

游戏一样,乐此不疲。没办法,妈妈只好把重复的商品重新摆放在货物架上,可是哪料到,看到妈妈这样摆回去,见见也拿着购物车里的东西要摆回去。妈妈一边整理购物车里的东西一边训斥见见:"这孩子,别捣乱!"可是见见哪里听得进去,还是妈妈做什么他就跟着做什么。

妈妈对此也有些担忧,这孩子见到什么学什么,这要是把不好的行为也学来了可怎么办,另外也担心他看到别人怎样他就怎样,长大之后会人云亦云,没有主见。

当然,孩子受到这个时期心理成长程度的限制,在孩子的潜意识中,他并不懂得如何追求真善美,他只是简单地因为好奇而进行模仿。因此,有可能孩子模仿的行为并不是好的行为,或者模仿的话是一些骂人的粗话等,这个时候,父母应该正确指导孩子,切不可简单粗暴地批评和阻止,不然的话可能会增加孩子的好奇心和逆反心理。

通过模仿,孩子不仅可以学会各种各样的技能,还能更好地了解这个世界,获得许多认知经验,还可以通过模仿的过程获得许多愉悦的情绪感受。因此,对于孩子来说,模仿有着深远的意义,父母应该想尽办法,让模仿发挥最好的效用。

模仿是孩子成长的阶梯

孩子的模仿敏感期到来以后,在一段时间之内,他会对来自环境的特定刺激进行模仿,在我们没有察觉的情况下,孩子就学会了很多东西。孩子最先模仿的往往是动作,看到大人做什么就做什么。接下来,还会模仿声音、行为模式等。

孩子出生后,大脑皮层发育的第一个部分是感知觉区,他需要通过多种感知觉,比如口、手的动作等来获得对物体的感知,并进行比较、分类,最终形成概念。当某些特定的时刻,新的突触连接大量形成的时候,学习某项技能的效率就会很高,如果孩子错过这个时机,就会影响他的各种能力的发展,包括脑部的发育以及心理的成熟。

正如美国学家凯根所说："对于儿童，模仿可以是一种获得愉快、力量、财富或实现别的渴望目标的自我意识的尝试。"所以，对于孩子的模仿行为，父母要尽量让其自然发展，模仿没有对与错。另外，父母应尽量放慢自己的动作，满足孩子模仿的心理需求，给孩子成长的空间，使孩子平稳地度过这一时期。

果果今年两岁半了，他现在最爱干的事情就是跟在大人的屁股后面，大人干什么他也学着干什么。每当这个时候，妈妈就会不耐烦地说他："你别老学我，真烦人。"然而，妈妈越不让果果学，他学得越带劲。

妈妈给爸爸用座机打电话的时候，果果也在一旁用小手摁电话机上的按键。妈妈就赶紧制止他："别乱动，号码按错了的话就不能和爸爸说话了。"电话拨通了，妈妈就让果果和爸爸说话。在很长的一段时间里，果果对电话机和话筒产生了兴趣，时不时地摁摁号码键，说是要给爸爸打电话，当然他是打不通的，但是还是当作打通了一样说话："喂，爸爸……"

看到果果对电话机这么感兴趣，妈妈就教给果果1~9这些数字，还告诉他只要拨出相应的号码就能和"里面的人"进行通话。

一天，早已经过了下班的点，爸爸还没有回来，妈妈有些着急了。果果赶紧拉着妈妈跑到电话机旁边，妈妈明白了果果的意图，他是想给爸爸打电话呢。于是妈妈就问果果："儿子，你是要给爸爸打电话吗？"果果点点头。于是妈妈一边给果果念爸爸的手机号，一边指导果果用小手指一个数字一个数字地摁。电话通了，那头传来爸爸的声音，果果兴奋地喊着："爸爸，是我给你打的电话！"对于自己能打电话这件事来说，果果兴奋极了。

模仿是孩子学习的一种模式，就像例子中的果果一样，通过模仿妈妈打电话这一行为，孩子不仅学会了0~9这十个数字，还学会了自己打电话。心理学中行为主义学习理论的创始人班杜拉认为，除了从自身的行动结果中获得学习（行动性学习）之外，人类很大一部分学习是通过观察其他个体的活动而进行观察学习的。其中，被观察者就是榜样。一方面，相比于从实际的行为中学习，观察学习加速了学习进程；另一方面，观察学习还可以避免学习者经历有负面影响的行

让孩子在模仿中得到提高

每个孩子都具有模仿性，父母应该怎样利用孩子的这一特性，让孩子在模仿中得到提高、得到成长呢？

给孩子一个正面的回应

父母可以模仿孩子的行为，向孩子传递一种肢体语言，这是表扬和认可孩子的一种很好的方式。

架起超越模仿的阶梯

父母应该创造良好的条件教孩子模仿一些正确的事物，从而积累生活经验，丰富想象。

好范本成就好行为

父母是孩子最先模仿的对象，想要让孩子成为什么样的人，父母就应该在孩子面前先这样做。

当然，这个时期的孩子还不能很好地辨别是非，这就需要父母帮助孩子建立自己的判断力，让孩子模仿好的人物的好的行为和品质。

为结果。

家长也不必担心孩子模仿多了就会失去自我。其实，模仿是孩子通向独立的一个必须经历的阶段。如果家长武断地阻止孩子的模仿行为，那么孩子的认知能力和智能发展就会受到阻碍，心理成长也会受到影响。

具有吸收性心智的孩子，每一个成长需求都是为他的能力发展服务的。满足孩子的心理需求是对孩子最好的爱。孩子在模仿中能学会很多的东西，并获得身体和智能上的锻炼和提高。

警惕孩子染上"模仿瘾"

孩子生来就是一个模仿高手！他们从小就开始模仿父母的一举一动，模仿父母的品德习惯，模仿父母的价值观念……当孩子成长到3岁的时候，不但开始模仿各种行为，而且模仿社会性行为，并且可以把行为协调起来，进行一系列的模仿。孩子选择性的模仿，基本集中在对父母行为的模仿上。所以，父母炒菜，他也炒菜；父母扫地，他也扫地。与此同时，我们还发现孩子会经常性地重复父母的表情，重复父母的某些特定行为。孩子要通过这一个过程由一个简单的生命状态过渡到一个更高的状态中，这也是孩子从内在世界走向外部世界最早期的实践过程，这个过程大约会持续半年时间。

模仿是这个时期孩子的心灵需求，而且这个时期的孩子的模仿并没有什么对错，他们只是纯粹地模仿，过了这一模仿敏感期，孩子就不会这样了。因此，对于孩子的模仿行为，父母不必过于担心。但是，当孩子喜欢上模仿一些非正常的事物，而且不分时间、场合都加以模仿的时候，父母就要留心了。

磊磊今年3岁，自从看了动画片《西游记》之后，他就迷上了孙悟空，总是说自己就是孙悟空，每天拿着一根棍子，说是自己的金箍棒。这也还算好，爸爸妈妈也没有多加管教，感觉这个年龄的孩子迷恋孙悟空也是很正常的。但是，在今

年6月的时候，磊磊在幼儿园的滑梯上，给其他小朋友表演他的"腾云驾雾"，一下子就从滑梯上摔了下来。幸亏滑梯并不是很高，磊磊也只是摔破了一点皮，并没有什么大碍。

对于磊磊这种危险的动作模仿，爸爸妈妈担心不已，想方设法教育磊磊，希望他不要进行危险的模仿。可是打也打了，哄也哄了，面对爸妈的劝导，磊磊表面答应了，心中的"梦想"却未了。一天下午，磊磊的"孙悟空"瘾又再次大发，这次磊磊直接趁家人不注意爬在了家里四楼的窗户上，还好这一次磊磊是从上面往下爬，经过楼下的邻居们赶紧报警，在民警的帮助下才将磊磊安全救下。

也许，每个孩子都像磊磊一样会有一股"模仿瘾"，这也是他们心中的梦。因为孩子的好奇，孩子的无知，孩子的天真，使得他们在进行模仿的时候常常铤而走险！对于孩子这种非正常的"模仿瘾"，父母应该怎么办呢？模仿对于小孩子而言，是一种天性行为，要完全阻止孩子的模仿行为是不可能的。要解决孩子的这种非正常的"模仿瘾"，作为父母的就应该及时对孩子进行安全教育，并且正确引导孩子的模仿行为。而且孩子由于心理还不成熟，他们的感性模仿比较强，理性模仿比较弱。一般来说，孩子都是模仿一些外部特征或者行为动作，而并未认识这些行为动作的精神实质，也没有注意学习这些模仿对象身上的本质的东西。比如，一些孩子喜欢成龙，但是只是模仿他的动作，对于成龙所扮演的英雄身上的爱国情怀和不畏困难、刻苦学习等本质特征却没有学习。所以，父母可以引导孩子模仿榜样的内在本质特点，促使孩子的模仿行为从感性模仿积极地向理性模仿转变和发展，这样才能使模仿教育得到最佳的效果。

孩子正处于学习、成长、模仿的阶段，好奇心强，模仿性强，可塑性强。然而由于心理很不成熟，辨别是非的能力弱，所以往往不能分辨哪些值得模仿，哪些不值得模仿。模仿得好，对孩子的成长和学习会带来很大的益处；模仿得不当，则会给他们带来坏处，甚至带来危害。所以，父母一定要正确引导孩子的模仿行为。

如何引导孩子的模仿

孩子的好奇、天真和无知使得他们在模仿的时候并不能分辨对错。这个时候，就需要父母对孩子进行正确的引导：

1 引导孩子克服模仿中的盲目性

孩子的辨别能力弱，所以孩子的模仿没有明确的道德标准，父母要让孩子知道该模仿什么。

2 引导孩子模仿好的榜样的行为

父母应该把孩子无意识的模仿向有意识的模仿引导，引导孩子学习好的榜样。

3 引导孩子模仿要重在本质

孩子的理性模仿较弱，都是模仿一些外部特征或行为动作，父母应该引导孩子学习人物的内在优秀品质。

孩子正处在学习、成长和模仿阶段，好奇心强，模仿性强，可塑性强。所以，在这个时期，父母一定要正确引导孩子的模仿行为，避免孩子模仿不好的行为。

第三章 3~4岁，理解孩子敏感期的行为

第一节 执拗的敏感期
—— 孩子不可理喻地胡闹

解读孩子的执拗敏感期

孩子在建构秩序感这一特殊品质时，其过分的心理需求常常被大人认为是任性和胡闹，但是，我们感觉用"执拗"这一概念来形容更加准确一些。孩子在这一时期时常常变得难以变通，有时还会让人不可理喻。我们大人并不知道孩子这样做的真正原因，但是我们确切地知道，孩子的心理活动一定是有秩序的，当他没有超越这种秩序的时候，就会严格地执行这一秩序。

3~4岁的孩子进入执拗的敏感期，有的孩子在没有到3岁的时候就提前进入这一敏感期，表现为事事都得依着他的想法和意图去办，否则情绪就会产生剧烈的变化，发脾气、哭、闹。这时家长和老师要给孩子足够的耐心和关照，也要学会一些安抚的技巧。

妈妈发现，3岁多的朵朵越来越不听话了，犯起性子来怎么说她都不听，还没有小的时候乖巧听话呢。

一天上午，妈妈带着朵朵去附近的公园玩。走到有一几层台阶的小桥前，朵朵不想自己上去了，就让妈妈抱着。开始时，妈妈不想抱朵朵，希望她可以自己上去。朵朵就一边大哭一边爬了两三个台阶。为了不让她大哭，妈妈只好把她抱

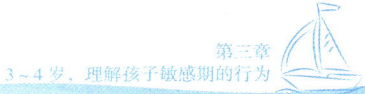

了起来。可是,朵朵却哭得更凶了,非让妈妈退回去,从台阶下面重新抱她上来才行。

3岁的孩子渐渐开始自己思考问题,也有了相对独立的想法,他希望按照自己

孩子执拗,父母该怎么做

在孩子为某些事情较劲的时候,如果不是什么严重的问题,父母不妨做出一些让步,满足孩子的要求。

多和孩子沟通,倾听孩子的心声

只有了解孩子的真实心声,才能够找出问题,所以,平时要多和孩子交流。

和孩子说话要讲究技巧

在这个时期,父母尽量不要用否定的语气和孩子说话,这会令孩子很敏感,换种肯定的方式,效果会很不同。

多关注孩子

有些孩子执拗是想引起父母的注意,因此,父母要多关注孩子,让孩子感受到爱,比如,要经常拥抱、爱抚孩子等。

当然,如果孩子过于执拗,父母也不能一直惯着孩子,还是要给孩子一定的惩罚,这样孩子就会记住了。

的方式去做事情，总会本能地去抵制、反抗自己所不喜欢的。对处于这一阶段的孩子来说，由于其语言能力发育不完善，当不愿意按照父母的意愿做事情的时候，他没有足够的词汇来表达自己的思想、情感和心理需要，因此只能用一些反抗行为来表明自己内心的想法。于是，在绝大多数父母的眼中，这些反抗行为就成了孩子执拗的表现。

执拗是孩子从完全依赖他人到能够独立面对这个世界必经的过程。几乎所有的孩子都会出现这样一个敏感期。父母了解了这些，就可以更加理解孩子，掌握了孩子这个时期的心理特征，自然就掌握了给孩子"熄火"的法宝。

孩子总是与父母对着干

三四岁的孩子在很多方面表现为与父母作对，当然，并不是真的与父母作对，而是孩子已经进入人生中第一个心理反抗期——执拗敏感期。孩子的执拗敏感期来源于秩序感，处于这个时期的孩子有一个明显的特征：凡事都要听我的，都是我说了算。如果父母拒绝他，他就会变得非常烦躁，哭闹不止。

康康现在3岁多，是个十分可爱的小男孩。但是呢，康康的性格很倔强，妈妈常常说康康非常"拧"。有时候，康康本来玩得好好的，却突然因为一件很小的事情就闹起来，而且怎么哄都不行，哭得相当厉害。唯一的方法就是必须把康康带回原来的地方，让他按照自己的意愿重新做一遍，他才会停止哭泣。

一个星期天，门铃响了，康康快步跑过去要开门。可是，他还没有走到门口，奶奶已经将门打开了，姑姑高兴地走了进来，一把抱起康康。然而，康康见到姑姑并没有表现出一副开心的样子，反而"哇"的一声大哭起来，好几个人劝都劝不住。过了一会儿，康康稍微冷静下来了，他非让姑姑走出去再按一次门铃。这下，所有人都明白了，妈妈只好让姑姑按照康康说的，转身走到门外，关上门，假装刚刚来到家里。当门铃再次响起来的时候，康康亲自走过去重新把门打开了一次，这下康康才高兴地让姑姑抱着了。

如何应对孩子的执拗敏感期

这个时期的孩子有一个明显的特征：凡事都要听他的。要不然，孩子就会非常烦躁，哭闹不止。因此，父母要用科学的方法去应对孩子的这个敏感期：

1 了解孩子形成执拗敏感期的原因

孩子随着自我意识的增强，会发现自己控制的事物越来越多，他想要表现自己的强大。

2 不要与孩子较劲

这个时期孩子很倔强，有自己的主见，如果父母也和孩子较劲，只会两败俱伤。

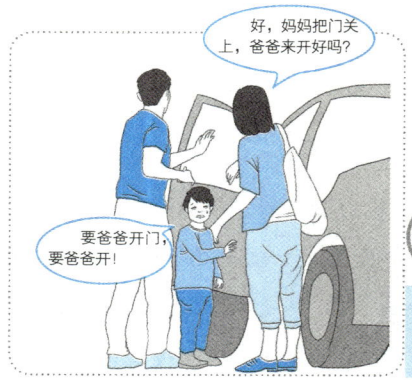

3 给孩子足够的理解

如果是不涉及原则的问题，父母可以多顺从一下孩子，给孩子足够的理解，减轻孩子内心的焦虑与不安。

为什么孩子会在执拗敏感期表现的性格急躁、乱发脾气，那么"拧"呢？父母想要和这个时期的孩子和平相处，就应该了解孩子形成执拗敏感期的原因，了解孩子的心理变化和心理需求。首先，因为孩子自我意识的增强，他会发现自己与世界并不是一体的，而是分离的。随着他生活范围的进一步扩大以及探索能力的不断提升，孩子就会发现，自己能控制的事物越来越多，他就会体验到自我的强大力量，从而敢于向父母挑战。

还有就是因为在这个年龄阶段的孩子的思维是直线型的，在孩子的眼中，世界上的事物是以不变的程序和秩序存在的，是不可逆转的。孩子在做某些事情的时候，他的头脑中会形成预先的设想，假如这些设想被人打破，他就会特别气愤。这时，父母应该理解孩子的这种思维发展过程，顺其自然地对待，孩子的逻辑会逐渐发生变化。

孩子似乎有点暴力

通常从3岁开始，随着孩子自我意识的不断加强，自我意识与他人意识逐步分化，孩子对父母的建议和指令常常会不听从、固执己见，甚至开始反抗，心理学家称之为执拗敏感期。

另外，3岁的孩子心智发育还不成熟，他们的情绪控制能力还比较弱。他们一旦感到自己的心理需求没有得到满足，就会用很直接的方式，比如哭闹，甚至是攻击的方式表现出来，我们大人往往会认为孩子是在故意作对。其实，孩子只是忠于自己的想法，并不是针对某个人。3岁的孩子思维水平还不高，也不够灵活，他们的做法常常让我们觉得呆板，再加上他们的时间观念不强，做事情的忍耐度不够，凡是想要做的事情就想要立刻完成，达不到目的就会反抗。

早晨起床的时候，3岁半的楠楠吵着要穿那双有米奇图案的鞋子。平常楠楠就爱穿那双鞋，但是妈妈昨天看着脏了就把鞋刷了，现在还湿漉漉的呢！

于是，妈妈就对楠楠说："那双鞋子太脏了，妈妈已经帮你刷了，现在还很湿呢，不能穿，我们穿小白鞋好不好？"可是楠楠根本就不听，大声说："我要

关于执拗敏感期的暴力行为

从表面上看，父母对孩子使用暴力，孩子屈服了，但实际上，孩子会寻找机会把现在的委屈发泄出来。因此，父母要从以下几个方面对孩子加以引导：

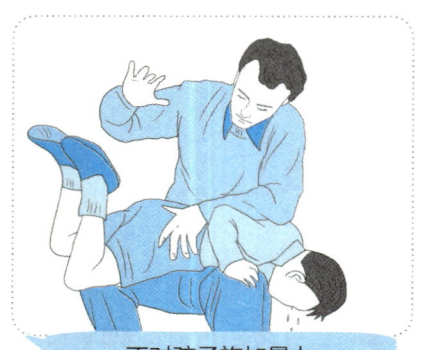

不对孩子施加暴力

父母对孩子施以暴力，会给孩子的内心带来巨大的伤害，他会以暴力来发泄自己。

控制自己的行为

面对孩子的不听话，父母要理智一点，控制自己的行为，对孩子宽容一点。

父母双方意见要一致

父母教育意见不统一会让孩子更加不听话，这样执拗敏感期也会延长。

穿米奇，我喜欢穿米奇！我不穿小白鞋！"一边大声说着，一边把妈妈递过来的一双小白鞋扔到地上，死活不穿。

妈妈觉得楠楠实在是无理取闹，再磨蹭下去上幼儿园就该迟到了，就对着楠楠的屁股打了两下。楠楠马上就哭了起来，却也没有再大声吵吵了，而是坐在床边让妈妈给她穿上了那双小白鞋。

谁知道，中午放学后，妈妈去幼儿园接楠楠的时候，老师竟然向楠楠的妈妈告状说："今天这孩子不知道是怎么了，趁着别的小朋友不注意，就用手使劲拍小朋友的屁股，拍完就跑开，这一上午就把好几个小朋友打哭了！"

很多孩子在执拗敏感期内会出现暴力行为，对身边的人进行攻击，而孩子之所以会出现这样的行为，一定是因为他受到了自认为不公平的待遇。不可否认，孩子就是环境的一面镜子，大人怎样对待他，他就会怎样对待别人。就像上面例子中的楠楠一样，她之所以会打小朋友的屁股，就是因为自己被妈妈以同样的方式打了屁股。由此可见，父母的暴力行为是会在孩子的身上延续的。

因此，对待孩子的执拗和反抗行为，父母一定要合理疏导，只要不是原则性的问题就尽量满足孩子的要求，让孩子顺利度过这一时期，切忌使用暴力让孩子屈服。

孩子就是不洗手

一般来说，孩子对洗手这件事情都是不太感兴趣的，所以，每次让孩子做这件事时就像是打仗一样，总是不能安安静静、顺顺利利地完成。这个时候，妈妈总会想尽一切办法，有时会用玩具哄着孩子，或者是给孩子讲道理，但是，即使是这样孩子也不会乖乖地去洗手，就算软硬兼施之后孩子最终勉强地完成了，却弄得大人孩子都筋疲力尽，心情也不好。相信这是许多妈妈每天都会遇到的难缠事，非常让人头疼，却又束手无策，总不能让孩子不洗手了呀。

很多家长认为这是孩子故意跟父母作对，其实，家长应该首先了解一下孩子不喜欢洗手的原因，有的孩子不喜欢洗手可能是曾经的经历给孩子造成了心理阴影所致。比如，洗手的水太凉或者太热，孩子手上有小的伤口碰到水就会疼，或者是大人在替孩子洗手的时候用力过大等。这个时候，父母就应该区别对待，排除影响孩子洗手的外因。这就需要父母仔细观察与分析，排除各种有可能导致孩子身心受损的原因。

就在一个月前，3岁的娟娟每到吃饭的时候都会乖乖地去洗手，根本不用爸爸妈妈提醒，也不用他们帮忙。可是，最近一个星期以来，娟娟就像是变了一个人一样，每次吃饭的时候都不愿意去洗手。于是，每次因为吃饭洗手这件事，妈妈和娟娟之间总是会有这样的一番对话：

"宝贝，吃饭前是要洗手的，我们一起去洗手好不好？"

"不好！"娟娟说得很坚决。

"妈妈去拿毛巾给你擦一下手好吧？"妈妈接着说。

"不擦！"娟娟依然挺倔。

"你看看你的小手这么脏，吃东西很不卫生的，来，我们去洗一下。"妈妈还在坚持。

"不洗！"娟娟这次说得更干脆。

"不洗就不让你吃饭！"妈妈下了最后的通牒！

"就吃！"娟娟才不管那一套呢。

妈妈也知道这样耗下去不是办法，就拉着娟娟到洗手池旁边强行给她洗手。但是，娟娟还是反抗，她毕竟没有妈妈的力气大，所以，妈妈还是给娟娟洗了手。每次这个时候，娟娟都是一脸的痛苦，有时还会哭起来。

当然，在日常生活中，父母还要注意运用正确的方式方法，让孩子自愿地

图解 孩子敏感期行为心理学

洗手，而不是在孩子不情愿的时候，强迫孩子去做某件事情。当孩子对洗手有恐惧心理的时候，可以加点娱乐项目，比如，唱唱儿歌，比一比谁洗得干净等。当然，三四岁的孩子已经可以听懂一些浅显的道理，父母可以用孩子可以理解的语言给孩子讲一些不洗手的危害，让孩子认识到洗手的重要性，从而自愿地洗手。当孩子表现好的时候，父母要及时给孩子表扬和鼓励，让孩子逐渐形成爱洗手的好习惯。

孩子不喜欢洗手怎么办

很多孩子会不喜欢洗手，还会因此和妈妈对抗，那么，对于孩子不喜欢洗手，父母应该怎么做呢？

不要强行让孩子洗手

如果父母强行给孩子洗手，孩子就会反抗，也会痛苦，给孩子带来很大的心理伤害。

学会转变自己的教育方式

可以采用迂回的方式代替直接的方式，让孩子洗手可能就会变成一件非常简单的事情。

其实，只要掌握孩子的心理特点，变通一下方法，孩子就会不再这么执拗，自然就会顺从多了。

第二节　审美和完美的敏感期
—— 每件事情都不能出错

解读孩子的审美和完美敏感期

孩子的审美敏感期最早应该是从吃开始的。比如孩子要一整块的饼，大人觉得太大了，就给孩子掰开，但是掰开之后的饼孩子就不要了，他必须要一个完整的。在这样的情况下，父母常常觉得这是孩子任性的一种表现。其实，这并不是孩子任性，而是他正处于审美的敏感期，那些不完整或者不完美的事物会让孩子产生痛苦的感觉，所以他无法接受。了解到孩子这种心理，家长就可以理解孩子的行为了。

当孩子追求事物的完整的敏感期过后，他们的注意力很快就会转移到对其他物品完美性的追求上来。比如说穿的衣服不能有一点线头；玩具不能少一个零件；画画的时候一笔下去没有画出他所期望的东西，他就会立刻把这张纸丢掉，然后重新开始画。在这样的情况下，孩子的审美敏感期就逐渐转化为追求完美的敏感期。

晚上睡觉的时候，小田脱完衣服躺下来，没到一分钟，就开始哭闹。"你怎么了？"妈妈赶忙问她。她的小手不停地挥舞着，大喊："哎呀，床！"妈妈看了看小田的小床，什么都没有，床单也很干净。妈妈用手一摸，发现床上有一些衣服上落下来的沙粒，看不清楚，但是摸起来有一点不舒服。妈妈立刻把小田的床单拿到阳台上抖干净，重新铺好。

没想到，小田刚躺下，一边拍打着被子，一边又"哼哼"起来。妈妈问她："小田，你是不是想把被子铺好？"小田"嗯"了一声。妈妈就开始给她铺被

❤❤ 孩子在审美和完美敏感期的特殊表现 ❤❤

作为家长，我们要想帮助孩子顺利度过这个敏感期，首先就应该了解孩子在这一敏感期的表现是怎样的。在审美和完美的敏感期的孩子通常有以下几种表现：

凡事都追求完美

这个时期的孩子会很"事多"，其实这就是孩子在追求完美，这是孩子的天性。

只吃完整的食物

就算苹果只咬了一口，孩子也不会再吃了，那就是他们追求的完美。

变得爱化妆

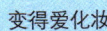

在这个时期，很多女孩会变成化妆师，她们会迷恋上妈妈的化妆品。

子，但是因为被子比床垫子要大一点，所以没办法铺平，妈妈只好把四边各卷起来一些，但是小田似乎并不满意！最终，妈妈把被子对折盖在小田的身上，并把上面用手弄平，小田这才开始睡觉。妈妈一看表，时间都过去半个小时了！

  追求完美是孩子的天性，保护它就是保护一个追求完美的人，成人不会把有瑕疵的苹果看成是不完美的，但是成人依然会为一个接近完美的苹果惊叹，会为一个接近完美的自然现象或者艺术作品感怀。完美给人带来精神上的愉悦，孩子追求完美，表明孩子的精神世界开始变得丰富。

  随着年龄的增长以及审美敏感期和追求完美敏感期的继续发展，孩子开始把全部的注意力聚焦在自己的身上，突然对自身美的追求有了一个很强烈的感觉。比如，女孩子对化妆品开始特别感兴趣，总是偷偷地拿妈妈的化妆品来化妆，尽管孩子会把自己化得一塌糊涂，但是这时是她刚刚开始学着怎样让自己更美的关键时刻。随着孩子这一敏感期的继续发展，他们就会对自己穿什么衣服特别感兴趣，有的孩子，大夏天穿着冬天的棉袄，热得满头大汗还是不肯脱下来；有的孩子穿着妈妈的高跟鞋在镜子前扭来扭去……

  食品要完整，纸张要干净，衣服要自己挑选……这是每个孩子都要经历的阶段。这个时候，大人很容易就心烦，因为完美的东西毕竟不多。如果理解了孩子细腻、追求完美的心理，把孩子的要求当作关乎孩子成长的一次机会，就能用心体察孩子的每一次不满，我们就能理解孩子，并用适当的方式帮助孩子，让孩子在敏感期得到更深入、更好的发展，这是家长需要做的事情。

让孩子认识真正的美

  孩子在审美和完美的敏感期时会非常爱美，年龄虽然小，但是对自己的穿衣打扮却非常有主见。每天早晨穿什么样的衣服去上学，配什么样的鞋子才漂亮，

图解 孩子敏感期行为心理学

如果不满意就要重新搭配，有时候只是挑选穿着就需要十几分钟的时间，就算是迟到也要漂漂亮亮地迟到！这让做父母的十分头疼。

对于孩子的爱美之心，幼儿心理学家表示，首先要尊重孩子的爱美之心，这是孩子对自己的关注，是人的本能。这表示在孩子幼小的心灵中，有了美的概念，这是孩子审美功能的提高。

但是，不排除会发生有的孩子过于注重美的现象。造成这种现象的原因往往不在孩子自身，周围环境对孩子的影响非常大，如果大人喜欢和同事、家人在一起谈论衣服是否时髦、哪种牌子的衣服好等，会给孩子带来潜移默化的影响。同时，当孩子穿上某一件漂亮的衣服时，大人往往会不知不觉地给予夸奖，甚至会做出非常夸张的表示，这些都给孩子一些暗示：这件衣服是漂亮的，注重外观是可以获得夸奖的。久而久之，孩子会过于关注外在美、服饰美。

婉婉每天都早早起床准备去幼儿园，但是别看她起床早，出门的时间却是一点也不会早呢，因为起床之后光是选择穿哪一身衣服就要花费很长的时间。妈妈给她穿一件小短袖和小短裤，婉婉不满意，妈妈又拿过来一件碎花的连衣裙，婉婉还是没有相中，好不容易看中了一件牛仔的连衣裙，穿上之后婉婉又发现最上面的一颗纽扣没有了，非让妈妈给自己换一件才行。到最后，终于穿上了一件长度在膝盖上面一点的粉红色的小裙子。婉婉又觉得这样不行，还要穿一条打底裤。就这样，为了配什么颜色的打底裤，母女两个又讨论了好几分钟，最后还是婉婉自己挑了一条玫红色的，说用这样的颜色搭配才漂亮。你以为这样就算完了吗？还没有呢，婉婉还没有穿鞋子呢！

虽然吃完饭之后时间有些紧张了，妈妈催促婉婉快一点穿鞋，但是婉婉自己蹲在那里穿袜子，非常认真地把袜子端端正正地对着脚丫穿进去，严格地把自己的脚后跟和袜子的脚后跟对在一起，每个脚趾都要和袜子完美地吻合，不能有一点不妥帖的地方，一定要严格保证袜子是绝对大小合适的，不然她绝对不穿。

这个时候，妈妈用什么方法都会有些无奈，唯一能做的就是等待和陪伴。

引领孩子追求美

孩子以自己的行为要求获得他所期待的美,可有些行为在父母看来有点离谱,但是父母一定要明白这不是孩子在无理取闹,而是他们自身成长的需要。那么,父母要怎么做呢?

1 支持孩子

要认识到如何度过审美敏感期是关系到孩子成长的大事,要明白孩子在这个阶段就是如此,因此父母要对孩子有所支持。

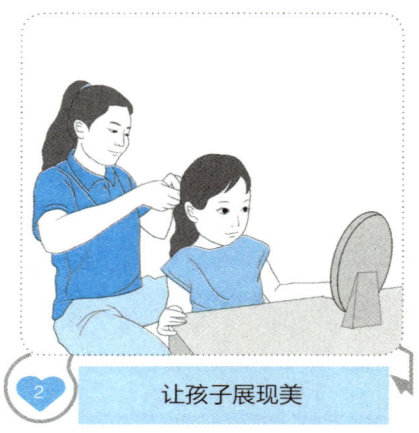

2 让孩子展现美

顺应孩子对美的敏感,带孩子参加一些与美相关的活动,把孩子打扮漂亮,增强孩子的自信。

3 教孩子要靠自己的努力实现美

父母要让孩子适当地参与洗衣服、擦地等小工作,孩子的美感就会在这个过程中建立。

总之,父母应该尊重孩子的审美,对于孩子的一些行为不要用成人的眼光去看待,而是在相对自由的环境中,让孩子培养自己的审美观。

对于一些孩子喜欢在早晨挑选衣服，导致上幼儿园迟到的问题，儿童心理专家建议，家长可以有技巧地干预。比如在前一天晚上就和孩子一起商量好第二天穿什么衣服，也可以给孩子两套或者三套衣服选择，这样让孩子在既定的范围内挑选，既能满足孩子选择的欲望，又不至于给大人带来很大的麻烦。

当然，对于小一点的孩子，父母可以和孩子玩一些好玩的游戏，既让孩子懂得一些道理，又能增强亲子交流。比如，和孩子一起给每一套衣服起一个漂亮的名字，帮助孩子进行选择、搭配，告诉孩子一些穿衣服的常识，比如大冬天穿裙子会生病等，从而缩短穿衣服的时间，更好地培养孩子的审美情趣。

最重要的是，父母应该在日常生活中，引导孩子认识美的真正内涵。要让孩子明白，美不只是衣服好看，美还表现在其他很多的方面，成绩好也很美，关心别的小朋友也很美等。当孩子做出一些体现内在美的事情的时候，比如和别人分享了自己的零食，或者给妈妈端来了一杯水等，在这样的时候父母要及时给予鼓励和赞赏。

这个时期可以培养孩子的审美观

大概在3岁以后，孩子就不再纠结于完美的事物和完整的事物，而是开始对衣着打扮产生浓厚的兴趣。比如，发现鞋上有一点儿脏的东西，孩子就会拒绝穿这双鞋，非让妈妈找来一双干净的鞋换下来才可以。由此看来追求完美确实是人的天性，完美会让人感到快乐，内心趋于安定，所以父母要支持孩子追求他们眼中的完美——完整、整齐，这不但是孩子将来能够追求事物的完美、整齐、规则的基础，而且还是孩子道德发展的基础。孩子的成长是个连续的过程，心理在这个发展过程中不断成长成熟，这个过程不但是孩子智能发展的关键时期，关系到孩子的素质发展，而且还会奠定孩子人格发展的基础。

然而，孩子毕竟缺乏辨别事物美丑的能力，他们的内心世界就像一张白纸一样干净，父母的一言一行好似画面上的一笔一画，孩子的审美观是在成人潜移默化影响下形成的，所以说，父母对孩子的审美教育尤为重要。

4岁的娇娇到了非常爱美的时期，最近一段时间，只要妈妈不注意，娇娇就会偷偷跑进妈妈的卧室里，站在妈妈的梳妆台前开始涂脂抹粉，整天化妆、打扮并欣赏自己。

上幼儿园的娇娇在"六一"的时候上台表演过舞蹈，那个时候有专门的老师给娇娇化过妆，所以，爱美的娇娇从此一发不可收拾，并按照当时老师给自己化妆的顺序开始给自己化妆：先是很认真地将自己的小手洗干净，然后抹上面霜、擦粉、画眉、画唇线、涂口红，用棉棒擦去滑到线外的口红，用面巾纸沾去多余的口红，打上腮红，然后把头发梳理整齐。完成所有的程序之后，娇娇很自信地站在镜子面前自我欣赏半天，然后满足地走出妈妈的房间。

这样过了大约一星期的时间，娇娇又开始注意起自己的头饰和衣着来。常常问妈妈："看我穿这件衣服漂亮吗？"妈妈如果说不漂亮，娇娇就会马上把那身衣服换下来，然后重新站在妈妈面前问妈妈自己漂不漂亮。

美的行为是一种榜样、楷模，父母是孩子的第一任老师，家长的美的言行、家庭和睦的氛围，这些对孩子都是无声的教育，孩子都会效仿，从中汲取向上的力量。而孩子的审美和完美的敏感期是孩子形成良好审美观的关键时期，也是孩子开始学习审美的时期，如果父母此时能够抓住时机，帮助孩子形成良好的审美观，对孩子将来的发展将具有十分重要的意义。

事物是否完美是随观念而决定的，孩子认为不完美的事和物，在成人那儿可能具有美学特征，比如残缺的美。但是对完美事物的感受、对规范事物的感觉应该留存下来。只有这样，孩子才会有标准，他才会追求事物的完美、和谐、规则，并为此而忘我地努力。每个理想主义者都具备这样的品质，它成就了艺术家、科学家、优秀的教师等各行各业出色的人。

培养孩子的审美观

审美观的重要性不容置疑，孩子的审美观是否正确，与父母潜移默化的教养有非常大的关系，因此，家长应特别注意对孩子审美观的培养。

创造美的家庭环境，培养孩子关于美的一些习惯，为培养孩子的审美能力提供条件。

培养孩子树立"心灵美、语言美、行为美和礼仪美"的观念，使孩子具有高尚的审美情趣。

引导孩子领略自然美，发展他们的美感。

培养孩子广泛的艺术兴趣，教育孩子懂得审美的辩证法。

第三节 色彩敏感期
—— 开始在生活中寻找不同的颜色

解读孩子的色彩敏感期

儿童心理研究者杨健教授认为，孩子从睁眼到看清世界所有的色彩，一般要经过4个时期，即黑白期、色彩期、立体期和空间期。孩子在4个月左右的时候才迎来视觉的色彩期。4个月之后，孩子的视觉神经会对彩色的东西很敏感，但还是限于纯度高的三原色——红、黄、蓝。父母可以拿带有这些颜色的玩具在孩子的眼前晃动，刺激孩子的视觉和大脑发育；然后，逐渐地把视觉刺激范围扩大到橙、绿、紫。

孩子最初认识色彩的时候，有一点需要父母特别注意，那就是在教孩子认识一种颜色的时候，不要引入其他的色彩，比如说，教给孩子红色的时候，如果说"这是红色，不是绿色"，这样会扰乱孩子对色彩的记忆，因为这个年龄的孩子头脑中的概念还不清晰。

孩子对颜色的识别能力和命名能力是随着孩子年龄的增长而不断增强的，到了三四岁的时候，孩子特别喜欢认知、识别颜色，这个时候孩子的色彩敏感期就到来了。跟进入其他的敏感期一样，在这个阶段，孩子可能反反复复地给涂色书涂颜色，往衣服上、身体上涂色，甚至穿衣服的时候，只挑他最近热衷的那些颜色的衣服，根本不会在乎款式、洁净的程度。

甜甜是个3岁半的漂亮女孩，妈妈从小就非常尊重甜甜，对于关系到甜甜的事情总是会询问一下甜甜，给甜甜买衣服的时候也是一样。但是最近一段时间，每次妈妈问她喜欢什么颜色的时候，甜甜总是会非常干脆地说："粉色！"不光是

给孩子一个有色彩的世界

孩子在色彩敏感期能够较快接受色彩对身体的刺激，从而掌握色彩、提升对外界事物的审美能力。为了让孩子更好地认识色彩，父母可以从以下几个方面给孩子一个有色彩的世界：

1 多彩的衣服

可以给孩子买一些颜色多样的衣服，不只是红、黄、蓝等简单色，可以增加一些混合色给孩子看。

2 房间色彩巧布置

五彩缤纷的房间可以激发孩子的智力，可以多使用一些粉色、淡黄、淡绿等让人感到轻松、愉快的颜色。

3 任其涂鸦

涂鸦可以促进孩子观察力、记忆力、想象力、创造力和动手能力等的发展，所以对于孩子的涂鸦，父母不要过多限制。

买衣服，买玩具娃娃也要粉色，只要买的东西有粉色的话，甜甜一定会买粉色的。

最近，甜甜还喜欢上了用彩笔到处"作画"，墙上、地上、桌子上、书本上，没有一处不充满她的杰作。这些都还好，但是甜甜还经常画在自己的衣服上，说是这样更好看，还特意开心地给妈妈介绍她画的是什么。有一次，爷爷睡着了，这个淘气的孩子竟然在爷爷的裤子上画了一个大大的红苹果，还说爷爷出去遛弯儿的时候，渴了的话可以拿下来吃。

对于进入色彩敏感期的孩子，父母可以在有时间的时候多带孩子出去走一走，让孩子到大自然、大街上，去亲身感受五光十色、万紫千红的世界，以促进孩子视觉更好地发展。父母要注意的是，不要让孩子长时间只看同一色系，这会导致孩子视觉迟钝。

色彩会影响孩子的视觉发展，进而影响情绪以及以后的成长。很多人都认可五彩缤纷的颜色可以激发孩子的智力。而处于色彩敏感期的孩子也非常喜欢五颜六色的各种物品，他们喜欢认识色彩。孩子对色彩的认识更多地体现在生活中，选择玩具的颜色，选择衣服的颜色，等等。小学三年级以后，孩子已经将色彩融入了自己的意识中，色彩开始被孩子使用并表现在绘画中。

色彩对孩子的智商、情商和性格都有影响

不同的色彩可以通过影响孩子的视觉来影响孩子的智商、情商和性格。因此，如果孩子在色彩敏感期没有建立很好的色彩感，那么在未来成长的道路上就有可能发展为人格障碍。

色彩是对人视觉影响最大的因素。它作为一种外在刺激，通过人的视觉产生不同的感受，给人以某种精神作用。可以说，不适宜的色彩如同噪声一样，会使人感到心烦意乱，而和谐悦目的色彩则会给人以美的享受。

心理学家研究发现：婴儿一般比较喜欢黄色、橙色、浅蓝、浅绿等较为明快的颜色。在这种色彩环境中成长的孩子，往往智商较高。反之，当婴儿长期处于一些较为暗淡，使人感到忧郁、沉闷，甚至产生压抑、恐惧等不良感觉的黑色、茶色等色彩环境中时，其智商则相对较低，而且创造力、自信心等方面均不如前者。

蒙台梭利色彩教学法

蒙台梭利"三阶段"学习法可以帮助孩子快速认知色彩。在进行学习之前，先制作一套纸片，纸质、大小都一样，唯有颜色不同。然后按照以下步骤开始学习：

第一步
蓝色！这个是蓝色的。
父母先来命名，指着蓝纸片告诉孩子——"蓝色。"

第二步
宝贝，你找一下蓝色在哪里啊？
父母指认，问孩子："蓝色在哪里？"让孩子把蓝色找出来。

你看看这个是什么颜色啊？
蓝色，这是蓝色！

第三步
父母指着蓝色纸片问孩子："这是什么颜色？"孩子来作答。

根据这个道理,我们在家庭环境的布置方面,应充分考虑色彩效应,使我们的孩子拥有一个欢快、明朗的色彩环境。

桐桐快4岁的时候开始迷恋上了涂色笔和涂色书。每次自己把不同的颜色涂在书上面,看着那些鲜艳的色彩,她会高兴地哈哈大笑,而且会大声地说:"你看我涂呀,涂呀,把它们全部涂到外面去!"桐桐所说的"外面"是指涂色书上线条所形成的框框的外面。

桐桐还非常喜欢尝试新的颜色。就这样过了差不多有一个月的时间,桐桐似乎表现出对一些明亮色彩的偏好,比如大块的色块,她就会更多地采用大红、明黄或者天蓝,但总体而言,桐桐还是喜欢尝试各种颜色。常常一个小熊或者一朵花,她就能用上十五六种颜色。在桐桐的十八色的彩笔里面,除了黑白两种颜色桐桐很少用到之外,其他的颜色她都喜欢尝试。在桐桐的每一张作品中,都能感到那色彩之中有一种难以用言语表达的和谐灵动,而且经常是非常富有创意的。

在桐桐对涂色最热情的时候,一个下午她就可以喜滋滋地把整本涂色书里自己所喜欢的图案全部涂完。后来,桐桐又喜欢上了在一张大白纸上任意涂色。在那段时间里,她涂色或快或慢,脸上往往带着灿烂的笑容,看上去满足而美丽。

色彩敏感期,是父母教孩子认识色彩的最好的时期。但是,很多父母有过这样的经验:孩子可以指着香蕉认黄色,指着苹果认红色,指着葡萄说紫色。但是,孩子看到香蕉的时候才说黄色,而看到黄色的杯子或其他黄色的物品的时候却不认识黄色。其实,这种教育方法混淆了概念,因为与"黄色"对应的,不仅是颜色,还有形状、材质等多个属性。所以,在教孩子认识一种色彩的时候,要为孩子提供不同形状与材质的物品,唯一的相同点就是颜色一样,当孩子找到内在的规律时,就认识了这种色彩;而认识不同的颜色的时候,则要为孩子提供形状与材质都一样的色板,唯一不同的属性就是颜色不同,这样孩子才能把观察力集中在区分色彩上。

第四节 人际关系的敏感期
—— 寻找并依恋志同道合的朋友

解读孩子的人际关系敏感期

人际交往的敏感期是孩子心理成长和发展过程中一个很重要的时期。我们生活在各种关系中，我们的各种问题就是关系导致的，所以孩子在这个敏感期的发展将为孩子以后的人生奠定非常重要的基础。

教育孩子的目标就是培养孩子的社会化人格，使孩子掌握并拥有社会认可的行为方式，这样孩子走上社会后才能生活得自在、开心。孩子人际关系的发展是在6岁前的无意识接纳阶段进行的。3岁左右，孩子在与伙伴的交往过程中，会产生一对一的相互交换食物和玩具的交流方式。孩子的这种简单的交换方式可能是他在玩耍中发展出来的。比如，孩子想玩别人的玩具，别人不给他，这时候就要解决这个问题，于是就想出了交换着玩的办法。

随着孩子不断地与小朋友接触，交往的内容不再是互惠的食物、物品的交换，而是彼此之间的信赖，也就是感情的传递。有些父母常常会见到这样的情况，一个孩子因为想妈妈哭了，一起玩耍的另一个孩子也会跟着哭。这种情感不是大人教的，而是具有吸收性心智的孩子自然而然习得的，他们把对方当成朋友。

再大一点的时候，孩子就会发现，交朋友的一个重要的标准是因为他们有相

同的东西，比如相同的爱好和兴趣，或者我喜欢他，或者他喜欢我，或者双方能够相互理解。达到这种状态的时候，孩子就能发现，他和伙伴之间的关系，达到了一种真正的和谐。

有一次，妈妈带着4岁的文博到附近的公园去玩，因为是周末的原因，那里有很多的小朋友在玩。文博去的时候带着一把爸爸刚刚给他买的桃木剑，于是见到什么东西文博就会比画几下，然后开心地对妈妈说自己把大树啊或者小花什么的砍倒了。

可是玩着玩着文博就觉得没有意思了，就把自己的桃木剑放在妈妈坐的椅子上，他自己到旁边的地方去凑热闹了。正好邻居家的涛涛也在不远处玩，涛涛手里拿着一辆小汽车，正在地上推着小汽车玩呢。文博就跟在涛涛身后看着涛涛玩小汽车，有时想要伸手去拿一下涛涛的小汽车，涛涛就赶紧把小汽车拿起来不让文博玩。文博站在一边看了一会儿涛涛之后，就立刻跑回到妈妈身边拿起自己的桃木剑，然后又跑到涛涛身边。

妈妈看到文博和涛涛两个人说了一会儿，然后涛涛就拿起自己的小汽车递给了文博，文博也把手里的桃木剑给涛涛玩了。文博拿到小汽车就到妈妈身边"炫耀"起来，说："妈妈，你看，我换来的小汽车！"原来两个人已经商量好交换了彼此的玩具。

也许孩子不能很好地对"朋友"作出解释，但是一天见不到对方就会有想念的感觉，就要去找对方玩一会儿，有什么好东西也会想着与对方分享，如果朋友被人欺负的时候他也会帮忙。关于孩子这些肯为朋友付出的纯真的表现，有时父母都搞不懂他是什么时候学会的。其实，孩子具有吸收性心智，他在"精神胚胎"的引领下，什么都学得很好。

还有更奇妙的事情呢！孩子在交往中竟然能够处理好"控制"与"被控制"、"吃亏"与"不吃亏"、"同盟"与"非同盟"之间的关系，在此基础上，碰撞出每个人都喜欢和受用的规则，让彼此间的交往顺利进行。

促进孩子的社会性交往

孩子长大以后的社会交际能力,很大一部分来自幼时的交往经验,所以给6岁前的孩子提供良好的交往刺激,对孩子交往能力的发展是非常有用的。

1 让孩子走出去

父母要明白孩子是一个独立的个体,不要把孩子藏在自己的怀中,而是应该让孩子多出去和伙伴们玩耍。

2 给孩子确立分享的原则

不要强迫孩子分享,而要询问孩子的意见,让孩子自己做主,这样孩子才会觉得分享是美好的。

3 鼓励孩子参加互换活动

闲置的玩具、物品可以和别人交换,在交换时给孩子机会,让他去交涉、互换,从而学会交际。

父母要放手,孩子才能长大,多和小朋友玩耍,孩子才能学会交往的技巧。所以,父母一定不要过多干涉孩子之间的交往。

让孩子学会人际交往技能

当孩子处于人际关系敏感期的时候，都会渴望与同伴进行交往，可是，不是每一个孩子都能和同伴相处愉快的。在与同伴的交往中，孩子的社交地位也是有所不同的，有的孩子很受同伴的欢迎，而有些孩子却不受欢迎。当然，受不受欢迎不在于孩子喜欢不喜欢交往，而在于孩子的个人心理品质和社交技巧。

每个人的人际交往能力不是与生俱来的，而是需要不断地培养、锻炼，因此，家长要从孩子出生之后就注意发展孩子的交往能力。当然，人际关系敏感期是父母教给孩子交往技能的关键时期，父母要多创设环境，一步一步地引导孩子善于与小伙伴交往。家长可以尝试以下做法：

1.请同事、邻居家的小朋友来玩，家长在旁边加以指导，教给一些常用的人际交往策略，比如请小朋友一起玩玩具，和小朋友做合作游戏，学会说"谢谢"、"对不起"等。玩的时候，不要光顾着自己高兴，也要照顾同伴的情绪，大家都要玩得开心才好。

2.多带孩子去人多的地方，鼓励、指导孩子和其他陌生的小朋友打交道、向叔叔阿姨主动问好。

3.如果可能的话，每天让孩子和班上住得比较近的小朋友一起结伴同行，一起去上幼儿园，一起回家。在路上，可以让孩子多和小朋友聊天、交换玩具等。

4.每天去幼儿园之前，鼓励孩子多交朋友，回家之后，再询问孩子有没有进展。刚开始的时候，可以帮孩子出点主意，孩子每交到一个新朋友，家长也要表现出由衷的高兴。

璇璇从小就比较内向，到了3岁的时候，妈妈送璇璇去幼儿园，但是老师说璇璇在学校里情绪非常低落，拒绝老师抱她，也拒绝小朋友拉她的手，排斥周围一

孩子在人际关系中的分类

在生活中,我们会发现,孩子在人际关系中表现出不同的类型:

第一类

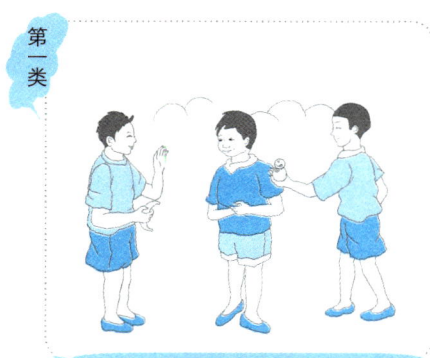

受欢迎的孩子

他们的人际关系很好,常表现出友好、积极的交往行为,很多孩子都愿意和这样的孩子交往。

第二类

被拒绝的孩子

人际关系很差,交往中常常采用不友好的交往方式,攻击性行为较多。

第三类

受忽略的孩子

既不受欢迎也不受排斥,常被忽视和冷落,名字很少被提及。

第四类

一般型的孩子

有的孩子喜欢他们,有的孩子不喜欢,没有受到特别的欢迎,也没有被忽视,在同伴中地位一般。

当然了,每个孩子都渴望得到同伴的认可与喜爱,因此,作为父母,要及时关注孩子的人际关系,给予恰当的引导与帮助,让孩子成为社交关系中受欢迎的人。

切的事物。妈妈给她每天都带很多零食，但是璇璇每次都是把零食抱在自己的怀中，不要说和别人分享，就是别人多看一眼都不行。

妈妈觉得这样璇璇根本交不到朋友，在学校里也就不能开心地学习了，便开始想办法让璇璇学会交际。于是，妈妈在周末的时候，让自己的好朋友带着女儿到家里来玩，朋友的女儿比璇璇要大一点，非常喜欢璇璇，想拉着璇璇的手一起玩，但是璇璇不让她拉，也不让她玩自己的玩具。人家只好玩起自己的玩具，还拿出妈妈带来的零食吃了起来。

看到零食，璇璇也想吃，她走到妈妈身边说："妈妈，我也想吃。"妈妈就说："你可以问问小姐姐愿不愿意和你分享。""她不给我！""你问都没问怎么知道呢？"于是，璇璇壮着胆子走了过去，小声问："你能给我分享一个吗？"小姐姐干脆地说："行！"给了璇璇一个。

璇璇很快就吃完了，接着又问："再给我分享一个好吗？"这次小姐姐没有给她，而是提出了要求："那你给我玩你的玩具。"边说边指着璇璇的芭比娃娃。璇璇犹豫了一下，说："好——吧。"小心地拿着自己的芭比娃娃和小姐姐交换。两个人交换着玩了一会儿，看上去十分开心。

当然，父母在教育孩子的时候也要注意对孩子的教育要适当。建立人际关系不是完全依赖于技巧，还要能对别人的心理状态有正确的体察。有的孩子完全以自我为中心，比较霸道，不考虑别人的需要和情绪，玩游戏的时候常常不遵守规则，久而久之，就会变得不受欢迎了。

如果孩子对所有的活动和娱乐都失去兴趣，或没有愉快感、情绪低落、忧愁、容易被激怒、面部表情忧郁，或有多种行为障碍，比如多动、攻击他人、自我否定、行为退缩，同时伴有躯体症状，如动作减少、疲乏无力、食欲缺乏、睡眠障碍、遗尿等，那么这个孩子不仅仅是有社交障碍，极有可能是患有抑郁症，家长要尽快带孩子去看心理医生或精神科医生，请专家诊断治疗。

孩子的交际从交换开始

交换是孩子间的一种交往行为。刚开始的时候，孩子是通过互相交换零食赢得友情的。但是，一旦零食没有了，友情也就结束了。于是，随着孩子的不断交换，他们逐渐发现交换玩具、物品这样的方式所产生的友情更加长久。于是，在孩子之间就产生不断的交换行为。不管孩子是用零食来赢得朋友，还是以通过交换玩具的方式来交朋友，这都是孩子人际关系自然发展的一种表现，都是孩子心理不断成长的一种方式。

当然，由于受到年龄的限制，这个时期的孩子常常会出现不等价交换的现象，比如，孩子可能用一辆遥控玩具车换来一个塑料小恐龙的玩具，或者用刚刚买来的一盒彩笔换来一个螺丝钉，等等。由于物品的价值不同，有些甚至差距太大，所以有些父母就会对孩子的这种不等价交换的行为产生怀疑。

但是，我们大人眼中的不等价交换在孩子眼中不一定是不等价的。因为大人是以金钱作为交换的标准，认为只有金钱差不多才算是等价交换，但是，孩子没有关于金钱的概念。不过孩子也是有孩子的交换标准的，他们拿来交换的都是自己感觉最珍贵的东西，只要是彼此最珍贵的东西在他们眼中这两件物品就是等值的，这样的交换就是合理的。

3岁半的香香正在读幼儿园小班，自从上了幼儿园之后，香香就开心了许多，她告诉妈妈学校里有很多的小朋友，他们一块玩得可开心了呢。但是妈妈却觉得孩子上了幼儿园之后，自己就多了许多担心，因为香香总是会做出一些莫名其妙的举动，就算自己吃亏了还高高兴兴的，真是不知道该怎么办才好。

这天香香从幼儿园回家之后，向妈妈炫耀道："妈妈，快看，一朵小红花！"妈妈低头一看是一张小红花的贴画，也没什么好看的，但是看到孩子这么高兴就随口问了一下："哪来的小红花啊？"香香开心地回答："我用自己的水杯和小朋友换来的。妈妈，漂亮不？"

妈妈听了之后有些不高兴，皱着眉头说："啊？傻孩子，这么个小红花有什么好的？你知不知道妈妈给你买的那个水杯多贵呀？可以买好几百张小红花

如何面对孩子的交换行为

孩子的交换在家长眼中有很多是不等价的，因此有些家长会担心孩子吃亏，可是阻止孩子交换又担心会妨碍孩子的发展。那么，家长应该如何对待孩子这一时期的交换行为呢？

不要以大人的成见看待

三四岁的孩子还没有"价值"的概念，所以父母不要向孩子灌输"占便宜"或"吃亏"的概念。

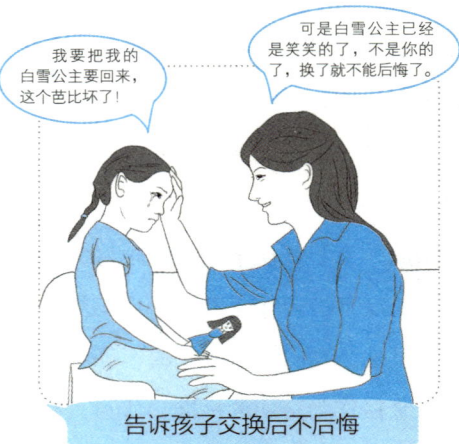

告诉孩子交换后不后悔

有些孩子交换后有时会后悔就非要要回来，这时父母要告诉孩子物品已经有了新主人，不再是自己的了。

鼓励孩子交换和赠送

父母不仅要理解孩子的行为，还要为他创造交换的条件，鼓励他用交换、赠送的方式赢得友谊。

了！"香香听了妈妈的话,噘着嘴,好像受了天大的委屈一样,脸上的表情也很迷茫。

显然例子中香香的妈妈这样做就有些不合理,让孩子觉得十分不解和委屈。大人要知道孩子的心理和我们是不同的。他们不知道物品的价格,即使知道自己的玩具的价格,他们也不理解50元和5元的差别。香香觉得自己最喜欢的是水杯,而另一个小朋友最珍贵的是小红花,她想要小红花,而对方恰巧愿意用自己珍贵的小红花和自己的水杯换,那么她就觉得这样做十分合理,也是平等的。

所以,对于孩子的这种行为,父母不必太过紧张,也不要在意孩子这样做是否会吃亏或者占便宜。因为家长的这些思想不仅会使孩子的交友受到影响,而且还会影响孩子对人与人之间关系的探索。当然,最重要的是,在面对父母那种消极的评价时,孩子常常会觉得自己十分弱小,这会在很大程度上影响孩子自我意识的发展,会给孩子的心理造成一定的伤害。一个总是怕自己会受骗的孩子,是不会敞开心扉去与他人交际的。

孩子总被欺负怎么办

很多家长会发现,自己的孩子总是会与小伙伴产生矛盾与摩擦,并为此担忧不已。其实,家长大可不必如此忧心。任何人的交往都不是一帆风顺的,只要是交际,就难免会产生摩擦,成人在交际过程中也经常会有摩擦,更何况是不会隐藏自己情绪的孩子呢?孩子往往是有什么样的心理,就会表现出什么样的行为,所以,在不高兴的时候,在产生矛盾的时候,孩子不会隐藏自己心里的不满,会直接把自己的情绪表现出来,产生摩擦也就成了在所难免的事情。

当然,当孩子之间出现摩擦的时候,肯定会有一方是处于弱势的,那么就会受到强势一方的欺负,很多家长就会产生这样的疑问:'孩子在幼儿园的时候总是会受到别人的欺负该怎么办呢？"

遇到这样的情况，有些家长就会这样教育自己的孩子："你傻呀，他们打你，你不会打他们呀！"但是，在这里我们要说，家长的这种教育只会起到消极的教育效果，这样的方式不仅会使孩子对于人际关系更加恐惧，而且还会影响孩子自我意识的发展，对孩子心理成长十分不利，使孩子产生自己非常弱小的心理反应。这种对人际关系的恐惧心理有可能会伴随孩子一生。

洋洋从小就是身体比较瘦弱的孩子，虽然个子和同龄的孩子差不多，但是由于身体比较瘦所以力气也就小很多。在家里的时候还好，一般都是妈妈带着洋洋出去玩，如果发现小朋友之间出现矛盾要打架的时候，妈妈就会和其他的家长一块儿教育他们，拉开他们，所以，洋洋也没有受到过什么严重的伤害。

但是自从洋洋上幼儿园之后，身边没有妈妈了，洋洋在和小朋友出现矛盾的时候，总是会吃亏，由于一直受到妈妈的保护，洋洋确实也不会打架，所以妈妈经常在下午来接他的时候发现洋洋身上脏乎乎的或者是脸被别的小朋友抓破了。妈妈很是生气，但是对方是只有3岁多的孩子，妈妈也就不好说什么。回到家里妈妈就对着洋洋生气地说："你傻呀，别人打你你不会还手吗？他怎么打你，你就怎么打他呀。"

可是妈妈越是这样说，洋洋越是胆小，开始的时候还会跟在别的小朋友身后，试探着一块去玩耍，但是，现在他总是一个人在一个地方玩，再也不愿意和小朋友玩了。虽然这样不受伤了，但是洋洋也不开心了，不愿意去幼儿园了。

从上面的例子可以看出，由于妈妈教育方式的错误，使得洋洋对人际关系产生了恐惧的心理，他觉得别人都很强大，只有自己是弱小的，如果自己与他人进行交往，自己就会受到欺负，因此不敢和别的小朋友进行交往。这对洋洋以后的人际关系的发展产生了十分不利的影响。如果父母不及时帮助孩子纠正这样的心理，让孩子逐渐敢于与别人交往的话，孩子长大以后也会恐惧交际的。

孩子在这种人际关系恐惧心理的影响下是不会主动去交朋友的，他对人与人

之间关系的探索就会提前结束。如果一个孩子在人际关系敏感期没有学会如何交朋友的话,那么家长也不要指望孩子将来能在处理人际关系时如鱼得水。

虽然一般来讲,父母不应该过多地参与到孩子的人际交往中,因为这样常常会打乱孩子对人际关系的自然探索。但是当孩子在自己探索的过程中出现问题,而这个问题孩子自身无法解决的时候,父母还是要给孩子提供一定的指导和帮助。但是这种帮助应该是有利于孩子人际关系的发展的,而不是像上面提到的那种会带给孩子消极影响的方式。毕竟处于这一阶段的孩子都是直接表达自己的情绪和心理的,孩子之间出现打架等行为也是非常正常的现象。

如何应对孩子交往中的矛盾

当父母发现孩子在人际交往中,出现困难的时候,不应反应过度,而是应给予适当的帮助与引导。

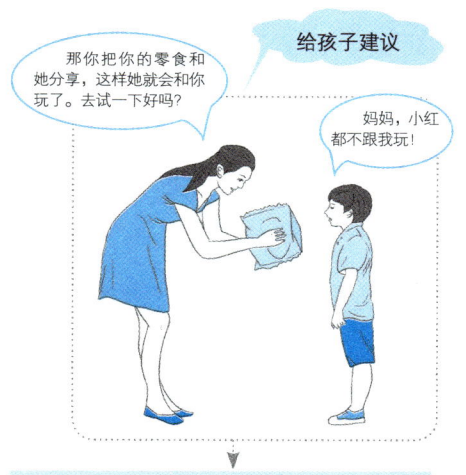

给孩子建议

孩子还不善于处理一些矛盾,也没有掌握与别人相处的技巧,因此,在孩子遇到困难的时候,父母可以给孩子一些好的建议。

精神上的支持

孩子受到欺负时,如果父母能够在精神上支持孩子,孩子就会觉得自己很强大,慢慢就会懂得如何去面对这些问题。

虽然父母不应该过多干涉孩子的交往,但是还是要在必要的时候给孩子正确的指导,帮助孩子顺利度过人际关系的敏感期。

第四章 4~5岁，和孩子一起度过敏感期

第一节 出生和性别的敏感期
—— "我是从哪里来的"

解读孩子的出生敏感期

孩子会永远关心一个问题：我是从哪里来的，要到哪里去？尤其是孩子进入出生敏感期的时候，他们会更加强烈地想知道自己到底是从哪里来的。

每一个孩子到了一定的年龄阶段就开始追问："我是从哪里来的？"这时，孩子开始追着所有的人问这样的问题，并且这样的情况会持续几个月。这之后，他们就会开始对人体产生极大的兴趣，对男女差异也产生极大的兴趣，于是孩子开始区别自己，逐渐进入另一个敏感期，即性别敏感期。

心理学家弗洛姆认为人感到孤独、无能、没有安全感，首先来自于人同自然的基本联系的丧失。成人已经难以理解这一点了，而孩子身上还有自然的一部分天性，孩子需要知道，作为生命，我们有自然诞生和自然死亡的过程。这种来去自然的现象能给孩子巨大的安全感。

有一位幼儿园的老师讲过这样一个故事：

一次中午值班，我给孩子们读《儿童世界百科全书》中"生命的诞生"。读完之后，有三个小朋友扑倒在我的怀里哭泣起来，其他孩子坐在小椅子上，安静地一言不发。这件事情让我十分震惊，他们为什么会有这样的反应呢？

为了弄清楚这个问题，下午，我在另一个班读了同样的内容。读完之后，又有孩子哭了。这一天，我想了各种解释，但我心里明白，每种解释都牵强附会。

晚上，我和儿子躺在一起，给他讲述他出生的过程，讲他是爸爸的精子和妈妈的卵子相遇、相处，然后形成受精卵，在妈妈的子宫中长大……儿子在听完之后抱着我哭了。我又一次被震动，但是依然不明白。我小心地问儿子为什么会哭，儿子一边哭一边问我："我是这样来的吗？"

我突然领悟到，生命的诞生是一个了不起的过程。我们每一个人都来自某个地方，如果我们知道自己来自那个地方，那就等于在我们眼前打开了另一扇生命之门，原来孩子们是被感动哭了。

但是，并不是所有的家长都会像这位幼儿园的老师一样认真、正确地向孩子讲述生命的诞生，很多成人认为生命诞生与性有着紧密的关系，因此，对于孩子的问题总是难以回答。于是，各种搪塞的答案层出不穷。

"你是从垃圾堆里捡来的。""你是从石头缝里蹦出来的。""你是发洪水的时候冲下来的。"这种在成人看来是玩笑的回答，会对孩子的心理造成一定的伤害，即使孩子长大了，知道这是玩笑话，但它给孩子带来的潜意识也很难消除。

有些妈妈是剖宫产生下的孩子，因此认为可以告诉孩子。但是有这样一个故事，说一个男孩在听完妈妈的讲述之后，泪流满面，抚摸着妈妈肚子上的伤痕，边哭边说："等我长大了，就不让我媳妇生孩子。"他认为妈妈受的这般罪全都是因为自己。

但是，对于孩子来说，认识性别、性器官就像认识眼睛、鼻子一样。在幼儿园中，当老师将这些内容正面讲给孩子们的时候，孩子们听得非常认真，就像在听老师上故事课一样正常。有一个幼儿园的孩子因为生殖器官做了一个小手术，所以不能做每天的运动操了，他就把这件事坦然地告诉了其他的孩子。当其他孩子告诉老师的时候，就如同在说他的鼻子动了手术一样，没有一个孩子神神秘秘、大惊小怪，没有一个孩子在这个问题上有暧昧的想法。

巧妙回答孩子关于出生的问题

孩子在这一敏感期时会对自己从哪里来十分感兴趣，但是父母对此有些难以启齿，那么，父母应该怎样回答这类问题，同时又不欺骗孩子呢？

有技巧地向孩子阐述

对于孩子的问题不能采用欺骗的方式，可以通过讲故事，或者给孩子看类似影碟的方式告诉孩子。

善待孩子的刨根问底

孩子通常不会问一个问题就罢休，而是有非常多的"为什么"，对此，妈妈一定要有耐心，满足孩子好奇的心理。

借机让孩子了解真相

如果家长借此机会让孩子了解妈妈怀孕到生产的真相，并让孩子明白父母对他的爱，孩子都会因此感动的。

解读孩子的性别敏感期

在四五岁这样的年龄阶段，孩子开始对人的身体，特别是异性的身体表现出明显的兴趣。这标志着孩子进入了性别的敏感期。

人体性别的敏感期是人体敏感期的组成部分。一般来说，孩子的性别观念是在3岁之后产生的。当性别观念产生之后，孩子就会发现男性与女性之间的很多区别：生殖器官、发型、衣服、嗓音和举止等。对于同一个概念，比如性器官，儿童的理解和成人的理解明显不同。在大人眼中，这类概念包含着很多世俗的、道德的内容，而对于孩子来说，他是在客观地认识世界，而这只不过是他众多认识对象中的一个，没有任何感情色彩。反而是因为大人的神秘、不肯正面解释，让孩子对此更加感兴趣。一旦他理解了，自然就会对此失去兴趣。

与西方人相比，我们中国人比较保守一些，因此，在性教育方面，中国的家长在孩子面前总是表现得很矜持。当孩子到了四五岁的时候，中国的大多数家庭都会不约而同地遵守着这一条规律：女儿和妈妈洗澡，儿子和爸爸一起洗澡。于是，这就更增加了孩子对异性身体的好奇。

虽然性教育的观点已经被很多家长接受，但是在很多时候，我们不但不善于对孩子进行性教育，而且常常对孩子进行错误的教育。

4岁的奕奕有一个小表妹，只比奕奕小半岁，两个人经常一块玩。在小的时候，两个人根本没有什么性别的区分，玩一样的玩具，衣服还常常换着穿，但是最近奕奕却不肯穿小表妹的裙子了，而且也不抢小表妹的玩具了，反而殷勤了不少，给小表妹拿吃的、拿玩具，显然是对这个经常见的女孩产生了不一样的兴趣。

有一天两个人在一起玩的时候，小表妹蹲在地上尿尿，奕奕觉得十分好奇，自己都是站着尿尿的。于是奕奕好奇地跑过去并趴在地上看小表妹的私处。然后非常疑惑地对小表妹说："咦？妹妹，你怎么没有小鸡鸡啊？"被哥哥这么一问，小表妹也有些疑惑："你有小鸡鸡吗？"奕奕点点头说自己有，还把自己的裤子脱下来给妹妹看。这下妹妹也开始好奇起来。于是，奕奕就带着小表妹去问妈妈："妈妈，妹妹为什么没有小鸡鸡呢？她都是蹲在地上尿尿。"

关注孩子的性别敏感期

当孩子进入性别敏感期之后，就会逐渐发现自己和异性的不同，开始对此产生兴趣。

对异性的身体感兴趣

对于异性和自己身体的不同，孩子感到十分好奇，并不断"研究"。

对妈妈的胸罩感兴趣

他们开始对妈妈的胸罩好奇，因为好像只有妈妈和阿姨们才会有。

你看那边的那个男孩，他的眼睛好大，真好看。

评论异性小朋友的相貌

开始有自己的审美，对别的小朋友评头论足。

当然，父母应该了解这个年龄的孩子的心理是纯真的，他们只是好奇，并没有其他的想法，所以，对于孩子提出的奇怪的问题，父母坦然面对就可以了，不要觉得孩子的想法邪恶。

但是房间里有很多人在，面对儿子的这个问题，妈妈真的不知道该如何作答，于是妈妈很生气地把奕奕拉到房间外面，并对奕奕说："以后不要在这么多人面前问妈妈这样的问题，你丢不丢人啊？妈妈觉得快要丢死人了！"

孩子对性的羞耻感和罪恶感就是由此产生的，妈妈的讳莫如深和觉得丢人的话，会给孩子的心理造成极大的消极影响。其实，在这些年龄尚小的孩子眼中，私处和眼睛、嘴巴一样，他们只是好奇，为什么男孩和女孩的私处不一样。在这种情况下，家长只要用科学的方式向他们解释，就像教孩子认识眼睛、嘴巴一样去认识他们的私处，孩子很快就会对此失去兴趣。

当到了5岁左右，几乎每个孩子都开始对自己的身体感兴趣，这是他们开始认识"人"了。这种早期的认识使孩子第一次坦然地接纳自己，爱自己。

此后，孩子开始关注社会性的男女差别，这种关注从服饰开始。女孩关注自己的服饰，纷纷选择喜欢的人物作为自己的偶像，比如白雪公主、灰姑娘等。男孩对女性化的服装开始提出抗议，兴趣集中在社会性的活动上。

让孩子正确认识自己的性别

无论是男孩还是女孩，都会在某一阶段对自己的身体产生好奇，想了解身体的每一部分。出于好奇和想要了解的心理，孩子开始探索自己的性别，开始明白男孩和女孩是有分别的。

孩子对于生理上的性别认识一般比较容易掌握，能够明确地知道自己是男孩或者是女孩。但是随着孩子的成长，他们还需要在心理上理解性别的概念，理解自己在社会行为中扮演的相应的性别角色，这就是我们所说的性别和性别角色认同。

灿灿今年已经5岁了，妈妈发现最近儿子出现了很大的变化，开始明白自己是男生，对性别越来越敏感。

前两天妈妈带着灿灿到外面游玩，玩着玩着灿灿想要上厕所了，妈妈就带着灿灿到附近的一个公共厕所。结果在进厕所的时候灿灿坚决不跟着妈妈进女厕所，还说自己是男生，应该去男厕所。以前灿灿逛商场的时候都是跟着妈妈去女厕所，也没有任何迟疑，但是现在却怎么也不肯去了，妈妈只好在外面等着灿灿，让他一个人去男厕所。

灿灿自从3岁以后都是自己穿衣服，当然开始的时候还需要妈妈的帮助才能完成，但是现在灿灿已经可以自己穿衣服了。不过这几天，只要是他要换衣服，就把妈妈推出自己的房间，还让妈妈关上门，不让妈妈站在一边帮自己。在家里上厕所的时候也是这样，让妈妈关上门，他自己上厕所。

以前阿姨会把家里小姐姐穿不上的衣服送给灿灿穿，灿灿以前还很喜欢穿姐姐的衣服呢，但是现在可不行了，只要是有一点女孩子气的衣服他坚决不穿。玩具也是一样，只要小汽车、枪等男生玩的玩具，对于洋娃娃、布偶等有点像小女孩玩的玩具也是一个都不要，买回来他也不会玩，还不允许放在自己的床上。

很显然，例子中的灿灿已经清晰地知道了自己的性别以及性别角色，所以才坚持自己的想法，不和妈妈去女厕所。此时，家长就要充分尊重孩子，让孩子自然地发展性别角色。除此之外，父母在日常生活中，还要充当好性别角色的榜样。让孩子可以从爸爸妈妈身上得到一些关于性别角色的认识，比如从妈妈的身上认识女性角色，从爸爸身上认识男性角色，从爸爸妈妈两人身上发展对异性的信任。所以爸爸妈妈在生活中，尤其是在孩子面前，一定要注意自己身上的性别特征，甚至是性格特征，这会对孩子产生终生的影响。

在这里家长需要注意的是，生理上的性别与心理上的性别认同有时并不一致，有些人会发生性别认同混乱的现象，这使他们非常痛苦，常常觉得自己在一个错误的身体里。因此，教会孩子很好地认识性别和理解性别角色是爸爸妈妈不可忽视的责任。

很多孩子之所以会出现性别认识上的错误，跟父母有很大的关系，比如很多

父母要注意对孩子性别角色的影响

教孩子很好地认识性别和理解性别角色是父母不可推卸和忽视的责任。

1 注意自己的认识可能造成的影响

父母对性别的接受程度会影响孩子对自身性别的认可。

2 养育方式的影响

把男孩当女孩养或把女孩当男孩养,都会使孩子发生性别认同上的混乱。

3 为孩子树立良好的性别角色榜样

父母要在日常生活中表现出自己的性别特征,给孩子一个自然而然的认知。

4 重视爸爸的作用

爸爸会严格按照社会所规定的性别角色标准要求孩子,但是妈妈总会担心孩子受伤而温柔对待。

父母想生女儿结果生了儿子，或者想生儿子结果生了女儿，就会把孩子往相反性别上打扮和教育，这就会对孩子产生十分不利的影响，使孩子产生性别认同上的混乱。其实，在平常父母可以利用生活中的自然情境让孩子理解不同的性别角色，比如在爸爸工作感到辛苦的时候，妈妈和女儿一起安慰爸爸，体现女性的温柔和理解；爸爸和儿子一起完成繁重的劳动，让儿子感受作为男子汉该有的坚强和力量。

当然，随着社会的发展，原先社会发展过程中形成的性别的刻板印象逐渐被打破，男性和女性所扮演的角色已经呈现出了一定的中性化，严格地界定性别角色也是有害的，男性化和女性化是同一程度上相对的两极，人本身就具有双性化。因此，在性别认同正常发展的前提下，父母不宜过多地限制孩子的爱好，以免阻碍他们个性的发展。

性别敏感期孩子的行为——对妈妈的乳房感兴趣

孩子在性别的敏感期会对自己的身体和异性的身体有很强的好奇心，也常常会有一些探索的行为，这个时候爸爸妈妈千万不要用世俗的眼光去看待孩子的行为，孩子并没有带有感情色彩，只是非常理性、客观地去认识世界，包括身体。

一般来说，在这个时期，不管是男孩还是女孩，他们都会对妈妈的乳房表现出极大的兴趣。孩子一般在1岁左右的时候就已经断奶了，在这之后孩子并没有再迷恋妈妈的乳房。但是到了这个阶段，孩子突然又开始常常要求看妈妈的乳房，还想要摸摸，有的孩子甚至在晚上睡觉的时候要摸着妈妈的乳房才能入睡。而且最令妈妈尴尬的是，孩子并不会分场合，在很多人的时候想起来了就会摸妈妈的乳房，甚至在公共场所也是一样。

当然，孩子对妈妈乳房的这种关注与孩子的心理发展是有关系的。从某个角度来说，是他们性心理发展的一种正常表现，但是与大人不同，在孩子的眼中，

他们对于乳房的理解并不带有"性"的意味。从另一个角度来讲，孩子之所以会关注妈妈的乳房，完全是受到好奇心的驱使。很多孩子会好奇为什么妈妈的胸部和爸爸的不同，和自己的也不同（在这个阶段，无论男孩还是女孩，胸部都是平平的）。

瑞瑞今年4岁了，最近一段时间，他总是会偷偷地看妈妈的胸部，妈妈知道孩子的性别敏感期到来了，是时候让孩子了解这些知识了。于是，妈妈找了一个机会主动与瑞瑞一起洗澡，由于妈妈有意表现得十分大方，所以瑞瑞也敢光明正大地与妈妈谈论心里的好奇了。

瑞瑞指着妈妈的胸部问："妈妈，你的这里为什么比爸爸的大这么多啊？"

"因为这是乳房呀！"妈妈很平静很自然地告诉瑞瑞。

"乳房是做什么的呀？"

"乳房里面装的是奶，你小时候就是吃妈妈的奶长大的。"

"那它们现在还有奶吗？"

"早就被你吃光了。"

"我不信，我可以摸一摸吗？"

"当然可以了。"

瑞瑞认真地用手摸了摸，挤了挤，确实没有挤出奶来，还不放心，就把乳头放进嘴里吸了吸，然后高兴地对妈妈说："真的没有牛奶了。"瑞瑞只记得自己喝过牛奶，所以他认为妈妈的乳房里装的也是牛奶。

从那之后，瑞瑞很快就对妈妈的乳房失去了兴趣，转而好奇别的了。

很多妈妈在面对孩子这一时期的这一行为的时候，会觉得十分尴尬，而妈妈之所以会出现这样的情绪，是因为妈妈自己把乳房和"性"联系起来了。其实，如果妈妈用坦然、大方的态度与孩子探讨乳房，当孩子了解了妈妈的胸部为什么和自己的、爸爸的不一样之后，他很快就会对此失去兴趣，就像例子中瑞瑞的妈妈一样，这样的探讨能让孩子的好奇心理得到满足，孩子自然就不再感兴

趣了。

　　当然，如果家长总是有意回避孩子的问题，孩子就会由于好奇心理没有得到满足，从而会有更多的关于乳房的问题，好奇的时间也会延长。而且，孩子是不懂得察言观色或者隐藏自己的心理和情绪的，他们往往有什么样的心理，就会有什么样的行为表现，所以，如果孩子心中的好奇没有得到满足，很有可能会在任何场合突然就开始进行自己的"探索解密"，这样反而让家长更加尴尬。所以，为了避免更尴尬的情况发生，家长一定要尽快满足孩子的好奇心。

性别敏感期的其他行为

孩子在性别敏感期除了对妈妈的乳房感兴趣之外，还会有以下的行为：

产生害羞感

憋不住了就在路边尿尿就行。

不行，我要到厕所里尿！

他们开始发现性器官是个人隐私，开始会觉得不好意思，开始害羞。

对异性小朋友比较好

这个好吃，你吃这个！

"异性相吸"这一理论在四五岁孩子的交往中表现得非常明显，这是孩子心理发展中的一种正常表现，父母不必过于担心。

　　这些都是孩子性别敏感期的正常表现，父母只有读懂孩子的这些行为，并用坦然的态度去对待他们，孩子才能顺利地度过这一时期。

第二节 婚姻敏感期
——"我要和爸爸（妈妈）结婚"

解读孩子的婚姻敏感期

从四五岁的孩子嘴里说出"结婚"这个词已经不是什么新鲜的事情了。虽然这个年龄的孩子根本就不懂得婚姻观、爱情观，但是他们会不停地告诉你他喜欢某某小朋友，或者是有一天极其认真地对妈妈说"妈妈，等我长大了你就嫁给我，我们两个就结婚吧"。这或许就是在告诉父母，孩子正在进入婚姻敏感期。

婚姻敏感期是孩子认知社会关系的一个必经过程。从四五岁开始，随着孩子自我意识的逐渐增强，性别角色意识也慢慢增强。这个时候，孩子就会对自己的父母产生强烈的好感，女孩会对自己的妈妈说要嫁给爸爸，或者男孩会说要和妈妈结婚，做妈妈的小王子。这种对父母的好感实际上就是孩子对性别角色和对异性最初的一种认识和体现。

婚姻敏感期是孩子认识人与人之间关系的一个重要阶段。处于这个时期的孩子对婚姻问题充满好奇。当然，前面也讲过，这个时期孩子的心理特点是他们不会隐藏自己的情绪，也不会隐藏自己的想法，他们会通过语言和行为表达自己对异性的喜欢和爱，甚至会产生和某人结婚的念头。在这个时期，孩子会把喜欢某某整天挂在嘴边，有时，这个某某也可能会改变。当然，孩子也不是只说不做，

他们会坚持做一些他们认为可以表达自己情感的行为，比如给喜欢的人送好吃的，或者邀请对方到自己的家里玩，还把自己的玩具送给对方，等等。

有一天，4岁的盈盈对妈妈说："妈妈，我结婚的时候穿这件衣服。"她身上穿着一件粉红色带帽子的小风衣，把帽子戴在头上，衣服只是披在身上，胳膊并没有伸进去。

妈妈就笑着问她："那你为什么不穿婚纱呢？结婚都是要穿婚纱的呀。"

盈盈歪着自己的小脑袋，眨巴着眼睛看着妈妈说："那妈妈给我买件婚纱吧，我要穿婚纱。"

妈妈说："婚纱是你男朋友买的。"

盈盈很认真地说："可是我的男朋友没有钱。妈妈，我的男朋友是晨晨，他姓蔡，叫蔡晨，他是我的王子，我是他的公主。"

妈妈也很认真地问她："那你爱他吗？"

盈盈严肃地回答："爱呢。"

妈妈蹲下来，摸了摸盈盈的头，又问她："那他爱你吗？"

盈盈想了一下，说："不知道。"

妈妈继续追问："你爱他，他不爱你，你们可以结婚吗？"

盈盈想了想，肯定地回答妈妈："不行。"

过了很长时间，盈盈又很认真地告诉妈妈："妈妈，我长大以后要找一个真正的王子结婚，现在，我不喜欢晨晨了。"过了几天，妈妈从幼儿园老师那里了解到盈盈已经不会整天跟在晨晨后面追着玩了，而是开始和其他的小朋友一块玩了。

对于例子中盈盈的这些行为，父母根本不必过于担心，孩子在表现出这些行为特征的时候，他们并不真正了解成人世界的爱情和婚姻。之所以出现这样的行为，只是孩子随着性别意识的发展而对异性产生的一种朦胧的好感而已，并不是我们大人所理解的那种喜欢。

孩子在婚姻敏感期中所说的"结婚"，只是他们表达自己喜爱的一种方式。因为孩子和我们大人不一样，他们都十分直接，表达的方式也都十分直白和简单，只要喜欢某一个人，就会直接说出来，这种喜欢和表达爱的方式是美好的，父母不必用成人世界的婚姻观和道德观来评价孩子，否则会给孩子造成不必要的心理压力。相反，父母应该感到高兴，因为家长可以在这个过程中，为孩子建立更好的婚姻观念和爱的观念，让孩子拥有丰富的情感。

孩子开始谈论恋爱结婚了

孩子的婚姻敏感期在四五岁的时候开始出现，当然也有的孩子会在3岁多的时候提前进入婚姻敏感期。这一年龄阶段的孩子正在逐渐探索人群的组合形式，而婚姻形式显然是离孩子最近的一种组合形式。因此，孩子就从婚姻入手，开始关注结婚，研究谁和谁结婚。当然，在这个时期如果孩子喜欢谁，就会想要和那个人结婚。很显然，婚姻敏感期的出现，就是孩子认知人类社会组织形式的一种表现。

有的父母认为孩子还这么小，就开始整天嚷嚷着和某某人结婚，或者说喜欢某个人，觉得孩子是不是太早熟了一点。其实，父母完全不必过于紧张，而是要理解孩子的心理发展历程，在这个阶段，孩子之所以会出现这样的行为，是出于好奇的心理，每个人都会经历这样的一个阶段。在这个阶段，孩子还可能会因为某种情感得不到满足而痛苦，这些都是十分正常的现象。

思思已经读幼儿园的中班了，有一天从幼儿园回来之后，思思就一直甜甜地笑着，还开心地哼着小曲。妈妈有些疑惑，就好奇地问思思："思思，今天是不是玩得非常开心啊？和妈妈说说好不好？"

思思还有点不好意，腼腆地对妈妈说："我要和体育老师结婚！"

对于思思的回答妈妈有些惊讶，思思的体育老师是个二十多岁的大男生，平常也没见思思和他走得多近啊。妈妈就问思思："为什么要和体育老师结婚呢？"

思思回答:"因为体育老师对我可好了,每次做操的时候都会站在我的前面,而且今天还给我了一个大苹果!"

妈妈听过思思的理由之后真是哭笑不得,但还是耐心地问思思:"可是,李老师也对思思很好呀,思思为什么只和体育老师结婚呢?"妈妈是故意这样问

父母要正确对待孩子的婚姻敏感期

孩子对于婚姻是好奇的,也不懂得什么是婚姻,但是只要父母在这个时期正确引导孩子,孩子就会逐渐形成正确的婚姻观。

正面回答孩子关于婚姻的问题

孩子每天都会有很多疑问,这个时候父母不要敷衍,要用孩子理解的语言正面回答孩子。

轻松谈论"喜欢谁"的问题

孩子这个时候喜欢谁,就是单纯的喜欢,父母不要紧张,只要在适当的时候给孩子正面的引导就好。

不要嘲笑或者批评孩子

如果父母此时打击孩子,那孩子就会对婚姻失去探索的兴趣,甚至会对婚姻产生畏惧感。

的，因为李老师是思思班上的辅导老师，是个戴着眼镜的温柔的女老师。

果然，听到妈妈的问题之后，思思一本正经地开始"教育"妈妈："妈妈，李老师是个女的，我也是女的，我们是不能结婚的，我得和男的结婚。"看来思思虽然年龄小，懂得可不少呢。

像例子中思思的妈妈就做得非常好，对于孩子的天真能够耐心地和孩子交流，没有对孩子的回答不屑，也没有打破孩子的想象。这对处于婚姻敏感期的孩子的发展是十分有利的。但并不是每一个妈妈都能理解孩子的所想所为。

孩子在这个时期是十分敏感的，他只是在对婚姻进行初步的探索。有的孩子会像事例中的思思一样，对婚姻的理解十分简单，只是单纯地认为，只要谁对自己好，就要和谁结婚。对于孩子的这种想法和行为，父母切记不要嘲笑孩子。要知道，孩子喜欢一个人是很正常的事情，而且孩子的喜欢是很单纯的喜欢，就是谁对谁好而已。如果父母因此而板起脸孔说教反而很容易伤害孩子的感情，让孩子的心灵受到伤害，剥夺孩子成长的快乐，更有可能会误导孩子对婚姻的看法。

所以，父母要乐观看待孩子这一时期的行为和感情，同时为孩子建立一个良好的家庭关系，帮助孩子建立正确的、健康的婚姻观念。而且，爸爸妈妈良好的婚姻关系、和谐的相处之道，也会成为孩子模仿的对象，这会为孩子将来建立自己的家庭提供参照的典范。

另外，在拥有良好关系的家庭中，孩子能感受到更多的爱，同时孩子也就能够给予他人更多的爱，这样还能帮助孩子建立良好的人际关系。

婚姻敏感期的不同阶段

孩子的婚姻敏感期一般出现在4岁左右，在孩子进入婚姻敏感期的初始阶段时，会表现出对自己的父母非常喜欢。从前文中我们可以知道，孩子对男人或者

对女人的初始理解就是对自己的爸爸妈妈的理解。在这个时期,女孩会说想要跟自己的爸爸结婚,男孩会说要跟自己的妈妈结婚,这是孩子最早在婚姻敏感期时出现的一个状态。

当然,随着年龄的增长和心理的不断发展,孩子对婚姻的认识也会逐渐变化。比如,最早还不会有年龄的认识和区分,有的要跟妈妈结婚,有的要跟老师结婚,或者因为奶奶对自己很好就会想跟奶奶结婚。他们不会觉得自己的妈妈、老师、奶奶跟自己的年龄差距太大。但是,孩子再成长一段时间之后,就会突然意识到:我应该和我同龄的人结婚。这时,孩子就会在自己的朋友圈中间选择结婚的对象。当然,在这个阶段孩子的选择是一种强行式的一厢情愿,如果别人不愿意,孩子就会大哭,非要让对方同意不可。这个时候家长就可以趁机教育孩子。比如可以问孩子:"你是不是很爱他,很喜欢他?"当孩子给出肯定回答之后,父母可以这样教育孩子:"喜欢是两个人的事情,他不喜欢你,你可以重新选择一个也喜欢你的。"

实际上,当家长告诉孩子他可以重新选择的时候,就等于帮助孩子选择了一条出路,这对于孩子来说是非常重要的,孩子就会立刻发现:原来我是可以重新选择的。

当孩子顺利度过这一时期之后,就会开始懂得使用一些方法和技巧去和自己喜欢的伙伴交往。比如孩子会用自己的零食去哄对方,或者把自己喜欢的玩具送给对方,或者在对方发生什么事情的时候,站在一边为对方辩护……

可可4岁多的时候,忽然对邻居家的不到2岁的佳吉非常感兴趣,以前,可可可是十分不屑于和这个小妹妹玩耍的。但是,那段时间,可可十分喜欢这个妹妹,可以说对这个妹妹"情有独钟",总是十分温柔地用手轻轻抚摸妹妹的脸,并轻声地喊她:"宝宝,小宝宝。"可是,小妹妹似乎并不领情,每当可可捧着她的脸的时候,她就会毫不客气地伸手去抓可可的脸,而可可既不还手也不恼火,还是一如既往地对佳吉妹妹好。

没过多久，可可就有了烦恼，因为他喜欢跟在妹妹身后为她服务，想要牵着她的手走路，但是，妹妹正处于行走的敏感期，不喜欢别人领着自己走。每次遭到妹妹的拒绝，可可就会十分苦恼，有一次还伤心地躺在地上大哭起来。妈妈有些不忍心，就拿出可可的零食给可可说："把好吃的给妹妹，她就会让你拉她的手走路了。"受到了鼓励，可可举着他的零食开心地跑向佳吉。

又过了半年的时间，有一次可可手里拿着一些杧果干在街上玩，正好佳吉也在。妈妈就把杧果干也给了佳吉一些，佳吉很快就吃完了，然后跑到可可身边，伸着小手说："可可，可可。"但是可可面无表情，头也不回地往前走了。妈妈赶紧小声对可可说："宝贝，你的机会来了，赶紧给妹妹一些，就能和她玩了。"可是可可抬起头看着妈妈说："我已经不爱她了。"妈妈诧异地问："为什么？"可可平静地说："因为她不爱我。"妈妈好半天没有回过神来，事态已经发生了变化，妈妈还不知道呢，可可已经自己解决了问题。

当然，并不是所有的孩子都和可可一样能自己解决好。有些孩子在婚姻敏感期也会因为"失恋"而痛苦，其实这就是孩子心理不断发展的结果，这个时候孩子已经不会强行要求与他人"结婚"了。大约在孩子5岁的时候，会常常被一些"感情问题"困扰。这个时候，父母一定要及时地向孩子灌输正确的恋爱观和婚姻观。比如，当孩子"失恋"的时候，家长可以及时向孩子传达这样一种观念：你喜欢的人非常优秀，所以有很多人喜欢他，那么他可以选择你，当然也可以选择别人，这都是可以理解的。当然他没有选择你，并不是因为你不优秀，他之所以选择别人也不是因为别人比你更好更强，而是他们在一起更合适。当然，你也是可以选择别人的。

当孩子经过一系列的心理发展历程之后，就会形成一定的情感观念。这个时期是一个纯粹的培养和发展情感的过程。如果有一天我们发现，孩子在婚姻敏感期形成的恋爱观和婚姻观，可能是成人十年甚至是一生都没有办法形成的时候，我们就会重视孩子的这一发展阶段了。

因此，很多儿童心理专家都告诫家长，家庭和婚姻是陪伴一个人大半生的东

孩子婚姻敏感期的三个心路历程

在婚姻敏感期，大多数孩子都要经历以下几个阶段：

1. 孩子最早是一种强行式的选择

刚开始孩子对婚姻的理解非常简单，认为自己喜欢谁就可以和谁结婚，如果遭到拒绝，就会非常伤心。

2. 开始用技巧赢得爱慕的伙伴

这个时候孩子学会用食物、玩具等哄对方、帮助对方。如果遭到拒绝也不会太痛苦了。

3. 开始懂得不勉强别人

这个时候的孩子开始有了"你可以不选择我，我也可以选择别人"这样的概念。不过还是会因为"失恋"而痛苦。

了解了孩子心理发展的过程，我们就可以知道成年后的很多问题实际上是童年时没有好好度过敏感期而造成的，因此，父母一定要在孩子敏感期的时候健全孩子的情感，重视孩子的这一发展阶段。

西，在孩子小的时候，父母就和他探讨婚姻这个问题，会帮助孩子健全他的情感，健全他的家庭，健全他的婚姻。

趁机培养孩子的婚姻观

孩子的心理还极其不成熟，很多事情都不能深刻地理解，对于感情也是一样。对于刚刚进入婚姻敏感期的孩子来说，他们对婚姻的认识也是十分肤浅的。只要是谁对自己好，就会想要和谁结婚。

很多父母并没有重视孩子的这一敏感期，感觉孩子就是在闹着玩。也有的父母还会对孩子整天的"胡说八道"横加指责，让孩子提前结束对于婚姻的探索。这些做法都是不正确的。相反，家长应该好好利用这一特殊时期，引导孩子正确地认识婚姻。在婚姻敏感期，孩子正在探索婚姻是怎样的一种关系，那么家长就应该及时地为孩子提供相应的知识。当孩子每一次提出要和某个人结婚时，父母就应该告诉孩子婚姻的基本要素，让孩子明白什么样的人才能结婚，让孩子初步了解婚姻的组成。

因为孩子最开始的时候都是喜欢自己的爸爸妈妈的，想要和自己的爸爸或者妈妈结婚。当父母向孩子讲解了一些婚姻的基本知识之后，孩子就会明白自己和爸爸妈妈是亲人，还不能结婚的。而且随着孩子心理的不断发展，他们会逐渐从想要和爸爸妈妈结婚的想法中脱离出来，也会逐渐明白，选择结婚的对象最好在与他同龄的孩子之中去寻找；孩子也会知道不是只要自己喜欢就可以，而是要两个人都彼此喜欢才能结婚；孩子也可以明白别人是可以不选择自己的，自己也是可以做出不一样的选择的。而所有的这些，都要靠父母在孩子出现相应的行为之后，及时教育孩子，给孩子讲解其中的知识。

4岁的强强有一个小妹妹，强强可喜欢这个小妹妹了，每天都围着妹妹转，自

己明明还是一个小宝贝，却想要抱着妹妹出去玩，妹妹由于刚刚学会走路，一点也不喜欢强强抱自己，这让强强十分无奈。

有一次在看电视的时候，正好出现一个结婚的场景，强强开心地对妈妈说："妈妈，我以后要和妹妹结婚！"妈妈听后有些哭笑不得，就对强强说："为什

父母应该告诉孩子婚姻的知识

孩子都会有一段时间热衷于"结婚"，和自己的爸爸或者妈妈，或者和邻居小朋友等。父母可以趁这个机会告诉孩子一些关于结婚的事情，告诉孩子婚姻的基本要素。

两个人必须是异性，至少在我们国家是这样的。

两个人必须没有血缘关系，也就是不能和自己的爸爸或者妈妈结婚。

两个人必须在彼此相爱的基础上才能结婚。

虽然孩子可能并不理解，但是这个时期的孩子对结婚十分敏感，这正是帮助孩子建立正确婚姻观、爱情观的时期，父母要趁此正确引导孩子。

么想要和妹妹结婚呢?"强强说:"我喜欢妹妹。"

听到这样的话妈妈也觉得十分开心,但是还是觉得有必要给孩子讲讲关于结婚的知识,就对强强说:"虽然你很喜欢妹妹,但是这是你的妹妹,是不能和你结婚的。你看看,妈妈也很喜欢你,但是妈妈不能和你结婚,因为我们是亲人,亲人是不能结婚的。你可以和别的小女孩结婚,你还有别的喜欢的小女孩吗?"

听到妈妈说不能和妹妹结婚,强强有些沮丧,但是没过一会儿就问妈妈:"那我还能喜欢妹妹吗?"妈妈笑着说:"当然,你可以喜欢妹妹,妹妹也可以喜欢哥哥呀。"听到还可以继续喜欢妹妹,强强总算是安心了。

过了没几天,强强从幼儿园回来之后对妈妈说:"妈妈,我又想和莎莎结婚了,她也想要和我结婚,我们不是亲人对吗?"妈妈笑着说:"对,你们不是亲人,是可以结婚的。"

其实,不仅是在结婚对象的选择上父母可以给予孩子引导,而且在其他方面,父母也可以引导孩子更深刻地认识婚姻。比如孩子有时会非常喜欢充当"红娘"的角色,并根据自己的喜好给别人配对,他会把自己喜欢的两个人配在一起。当然,如果孩子不喜欢某一个人,他就会给这个人故意配一个他认为很丑的人。遇到这样的情况,父母绝对不可以拿孩子开心,或者嘲笑孩子的思想幼稚,而是要通过耐心细致地讲解与引导,让孩子明白婚姻不是一个小游戏,而是一件十分神圣的事情,要认真对待,不能随着自己的心愿随便指挥。尽管孩子暂时并不能理解其中的深意,但是父母对孩子的正确的教育,却能让孩子受益终身。

当然,孩子的话总是会特别的多,有时难免会让父母觉得十分烦躁,或者对孩子的喋喋不休失去耐心,因此可能会对孩子采用敷衍的态度。父母这样的态度是要不得的。在婚姻敏感期,孩子对婚姻问题特别感兴趣,因此他们很容易就能掌握正确的婚姻观念;但是,如果家长没有正确的引导,孩子很有可能会在感情的问题上纠缠不清。所以,家长一定要抓住这一关键时期,及时向孩子传达正确的婚姻观念。

第三节 身份确认的敏感期
—— 开始崇拜某一个偶像

解读孩子的身份确认敏感期

所谓身份确认的敏感期，是孩子在四五岁的这一个年龄阶段，会迷恋上某个或者某几个偶像。联系到前面所讲的孩子非常善于模仿，所以在这个身份确认的敏感期，孩子会将模仿发挥得淋漓尽致，他们会全身心地模仿这些他们所喜欢或者迷恋的偶像。如果你认为孩子仅仅只是模仿就大错特错了，他们不仅会模仿偶像的行为，还会常常把自己当成偶像。

很多家长或者幼儿园的老师会发现，这个年龄阶段的孩子常常会说自己是白雪公主或者说自己是超人等，他们把这些从动画片或者故事书中看到的人物奉为偶像，在平常的生活中模仿这些偶像的一举一动，从服饰穿着到说话的语气，无一不模仿。或者干脆把自己打扮成偶像的样子，对着别人说"我是超人"诸如此类的话。

4岁的明明特别迷恋奥特曼，妈妈常常觉得有些不可思议。明明每天穿的衣服上都要有奥特曼的图像或者有些类似奥特曼的服装，鞋子上也要有奥特曼，如果没有，明明就会拒绝穿衣服和鞋子。当然，明明也不会放过书包，他的书包上有一个大大的奥特曼的造型。这些让明明觉得十分骄傲，总是见到别人就说："看

看我的奥特曼！"

有一天早晨的时候，妈妈问他："今天是穿白色的袜子，还是蓝色的呢？"明明居然站起来对着妈妈说："奥特曼都是穿什么样的颜色？是不是穿红色？"可能他自己觉得奥特曼都是红色的，因此拒绝穿其他颜色的袜子，但是家里并没有红色的袜子，可明明就算是光着脚穿鞋，也坚决不穿袜子了。

还有，他的玩具也是大大小小的奥特曼，只要在商场看到奥特曼就会要求妈妈买回家，可是家里已经有很多了，妈妈就会拒绝明明的要求，明明就会在商场赖着不走。而且奥特曼有很多的造型，也有不同的名字，妈妈根本分不清哪个是哪个，但是明明只要看一眼就知道哪个奥特曼叫什么名字。明明还会常常追着妈妈，让妈妈扮演怪兽，他扮演奥特曼，但是妈妈有很多事情要做，没时间跟他玩，他就会追在妈妈身后说："我是奥特曼！"妈妈生气地说："你不是奥特曼！你也不用学他！你就是你！"明明听后，委屈地哭了起来……为此，妈妈常常怀疑自己是不是平时让他看的动画片太多了。

例子中的明明，之所以出现这样的语言和行为，是因为孩子进入了身份确认的敏感期。他对奥特曼的崇拜、迷恋以及模仿，都是身份确认敏感期中的一种正常的表现，父母不能把这种行为归结为孩子看了太多动画片的缘故。

那么，孩子为什么会进入这个敏感期呢？他们为什么会对自己的偶像如此着迷呢？

我们都知道，孩子在3岁之前，只要父母或者其他监护人没有在他身边，孩子就会常常产生焦虑和被遗弃的恐惧的心理，他会用哭泣的方式表达出自己的这一种感觉，大人也会在听到孩子哭泣的时候，立刻回到孩子身边。孩子在4岁左右的时候，虽然活动能力不断增强、大人在孩子身边的时间也越来越多，但是，这个年龄的孩子仍然像以前一样，在心理上需要安全感。于是，在这个时候，孩子就会面临一个巨大的任务，就是在内心逐步建立一个关于自己的形象，即"我是谁"，并逐步给自己定位。而动画片和故事书等文学作品为孩子完成塑造这个形象则提供了很大的帮助。每一部动画片和每一个故事中都有很多的形象，有的胆小懦弱，有的高大威猛，有的除暴安良，有的伸张正义……而这个阶段的孩子在精神上刚刚与家长脱离，他们常常会觉得自己非常的弱小，因此会希望自己变得非常强大、英勇。他们开始崇拜英雄，并希望自己也成为这样的英雄，于是就会学动画片或故事中的一些形象，这正好满足了孩子的这一心理需求。

因此，孩子在身份确认敏感期时会根据自己的要求选择自己的偶像。一些力气小的孩子就会崇拜强大的动物或者其他动画形象，而力气大的孩子也可能会喜欢英勇机智的形象，有些女孩子则可能会把善良美丽的形象作为自己的追求，等

孩子选择偶像的差异

在孩子进入身份确认的敏感期之后，都会做一个美丽的梦，希望自己成为自己理想中的人物，他们就会从童话故事和动画片中选取一些喜欢的形象作为自己的偶像。但是，男孩的偶像和女孩的偶像是有差别的。

男孩子一般会选取孙悟空、钢铁侠之类的有能力、有力量或者充满正义、除暴安良的形象。

女孩子一般会选择白雪公主、灰姑娘等善良、优雅、漂亮的人物形象作为自己的偶像。

在这个时期，孩子会模仿偶像的行为、动作，甚至说话的语气、走路的姿势等，有的孩子还会认为自己就是那个偶像。对于孩子纯真的崇拜，父母不必担心，过了这个时期，孩子的模仿自然会停止。

等。父母不要小看孩子或者误解孩子的这一行为,认为孩子是在调皮捣乱或者无理取闹,其实,在孩子崇拜偶像的同时,他们自身的心理性格也在逐渐形成。

理解孩子这一时期的心理

在我们大人看来,童年是个充满梦想的时代,一切都是十分美好的,但是,对于孩子来说,那些梦想就是真实的。处于这个时期的孩子,如果想当超人就会把自己打扮成超人,还让别人都喊自己是"超人"。这种行为不是我们大人意义上的一种游戏,而是孩子在内化这些人物背后的人格特征和心理特征。孩子在童年的时候会把这些人格特征和心理特征内化在自己的生命中,这就是孩子自我创造的特征。可能再过两三年,孩子就不再把他的愿望付诸行动,而只是作为自己的心理活动。不过,不管怎么样,孩子都会用自己的方式与自己的偶像进行交流。

可能父母会觉得孩子这样有些不切实际,或者觉得孩子有些太过调皮。但是,无论怎样,父母都不要过早地把孩子的梦唤醒。

安安自从在家里看过了电视剧《西游记》之后,就深深迷恋上了孙悟空,整天都是斩妖除怪、伸张正义,看到有的小孩子哭了,就会跑过去对人家说:"是不是遇到妖怪了?你告诉俺老孙。"看到有的孩子打架了,他也去凑个热闹,而且他很快就能分辨出哪一方是弱小的,哪一方是强大的,于是他就会加入弱小的一方。

有一次在逛街的时候,安安在一个玩具店里发现了金箍棒,这下可是找到自己的宝贝了,拿了一根就走。妈妈有些不高兴,就板起脸来教育安安:"安安,还没有给钱,你怎么能拿起来就走呢?这并不是你的东西!"可是安安有些着急地向妈妈解释:"这就是我的金箍棒,我是孙悟空!"说得卖玩具的人都哈哈大笑起来。妈妈只好付钱,让金箍棒回到自己的主人手里了。

安安完全是把自己当成了孙悟空,在家里吃饭的时候,妈妈喊他吃饭:"安

安，吃饭了。"但是安安还是在玩自己的，好像没有听到一样。妈妈走到安安面前，问："安安，妈妈喊你，你怎么不回应呢？"安安抬头看着妈妈说："我是孙悟空，请叫我齐天大圣，或者叫我孙大圣也行！"妈妈只好开口喊他孙大圣，安安这才开心地去吃饭了。

帮孩子度过身份确认的敏感期

在身份确认的敏感期，孩子会有很多不切实际的想法，会模仿自己的偶像，其实父母不必为孩子这些"不正常"的表现头疼，等过了这个时期，孩子自己就会变得"正常"起来。

允许孩子尽情地模仿

这个时期的孩子会表现出一些怪异的行为，父母不必担心，也不用刻意阻止，可以让孩子尽情去模仿。

不要过早唤醒孩子的梦

如果父母过早点醒孩子，就会让他伤心、失落，孩子的性格发展、心理健康也许就会受到影响。

适当满足孩子的需求

因为有了偶像，孩子就会需要很多的故事书、玩具，如果有条件的话，父母不妨满足一下孩子的这一需求。

不仅仅是在家里这样，在幼儿园里，安安也是要求老师和其他的小朋友都叫他孙悟空。老师知道这是因为安安正处于身份确认敏感期，所以很配合安安，但是其他的小朋友就不会这么买账了。因此，很多小朋友不肯喊他孙悟空，还说安安不是孙悟空，安安常常因此哭泣。

过了差不多半年的时间，妈妈有一天在一堆玩具下面发现了安安的金箍棒，就拿出来对安安说："你的金箍棒怎么不要了呢？"安安看都没看一眼，专心地在纸上画着自己的杰作，说："我已经不喜欢这个棍子了。"妈妈知道，安安扮演孙悟空的时期已经过去了，现在他又有了新的"项目"。

从这个例子中，我们也可以知道，当孩子自然地度过了身份确认的敏感期之后，不用父母提醒，他们自然就会从梦中醒来。事实上，孩子的崇拜、模仿行为的背后都隐藏着孩子深层的心理原因：因为在孩子年龄小的时候，孩子会认为自己非常弱小，他们希望建立一个关于自己内心的形象，希望自己能够变得高大而勇猛，这就是在逐步地给自己定位。所以，孩子在这一时期就会根据自己的要求选择自己的偶像，如果父母强行把孩子从这样的"梦"中拉出来，就会让孩子伤心失落，从而影响孩子的性格发展与心理健康。

因此，面对这一时期孩子的看似有些不正常的表现，父母要理解孩子的心理需求，尽量满足他们这样的心理。当然，如果孩子做得有些过分或者有些行为会出现危险的时候，父母要通过正确的指导来帮助孩子顺利度过这一敏感期。

偶像可以让孩子越变越好

孩子在进入身份确认敏感期之后，他们就会通过自己喜欢的人物的性格来表达和确认自己，从而完成自己理想性格的构建。这个过程对孩子一生的性格和心理的构建起到非常重要的作用。所以，家长不要轻易否定孩子给自己定位的身

份，尽量配合孩子的这一行为，父母还需要细心地观察、理解和提供给孩子帮助，来协助孩子顺利地度过这一时期。

在这一时期，孩子会根据自己的心理需求给自己定位某一个角色，并模仿这个角色的行为和性格，还会要求家人或者身边的其他人承认自己的这个新身份。有的孩子还会认为自己就是某一个角色，因此要求别人以此来称呼他。如果别人把他当成他理想的角色，并和他用这样的身份玩游戏，孩子就会非常开心。同样的，如果别人不承认他的身份，孩子就会非常难过和伤心。

当然，孩子由于年龄小、心理发育不成熟，很多事情都不能全面考虑，因此常常会出现不懂礼貌、规则等行为，有时甚至会无理取闹，让父母十分头疼。这个时候，父母就可以利用孩子在身份确认敏感期时所崇拜的人物来引导孩子，让孩子纠正自己的不良行为，明白一些简单的规则，让孩子的偶像来影响孩子的行为。

4岁多的丽丽特别喜欢白雪公主，她的文具和衣服上都印有白雪公主的图像，她还会模仿白雪公主的服装和行为以及说话的方式。她常常让妈妈把一块小纱巾别在她的头后面，然后丽丽就会告诉妈妈："白雪公主就是这个样子的，现在我也是白雪公主了。"

以前的时候，丽丽走路总是非常快，有时直接就是跑着，而且也不看路，但是自从迷恋上白雪公主之后，丽丽的走路姿势也在慢慢发生变化。她常常一边走路的时候一边对自己说："白雪公主走路应该是这个样子的，轻轻的、柔柔的……"然后，她自己走路就会慢下来，还会看着路了，非常优雅地慢慢地走。

这就是偶像的力量。孩子有了自己的偶像之后，就会模仿这个偶像的行为和性格，并会以这个人物形象来约束自己的行为，让自己的行为尽量符合这个形象。所以，家长就可以根据这个特点来顺势引导孩子，除了可以以此来纠正孩子的一些偏激的行为之外，家长还可以引导孩子向偶像学习，学习偶像的一些优秀之处，从而使孩子形成思维定式，建立规范意识，形成良好的习惯。

第四节 绘画敏感期
—— 从胡乱画到有章法

解读孩子绘画的敏感期

孩子一般是在4岁左右的时候,就会进入绘画敏感期。在这个时期的孩子,眼睛亮亮的,满眼都是绘画,好像他们的灵感随时都会跑出来一样,所以,在任何场所他们都可以进行自己的创作。在这个时期,绘画成了孩子最感兴趣的事情,很多原先喜欢玩各种玩具或者喜欢看动画片的孩子,此时都开始拿起自己的画笔,安安静静地画画,仿佛画笔有魔力一般,让他们乐此不疲。

孩子通过色彩去认识真实的世界,拿起画笔用色彩来表达自己的心理以及自己想象中的世界。那些看似杂乱无章的描画,却是孩子对色彩的认识、对笔的使用和对世界的探索。孩子的心理世界和我们成人的心理世界是不一样的,所以我们家长也不要用自己的眼光去看待孩子的画作,他们有他们的理解和认识,这些画是他们在表达自己的心理。

在心理学家加德纳的智能结构理论里,有一种非常重要的智能形式叫作空间智能。具有空间智能的孩子能够准确感知视觉空间以及周围一切事物,并且能够把所感觉到的形象以图画的形式表现出来。有这项智能的孩子对色彩、线条、形状、形式、空间关系都十分敏感。

我们都了解,孩子在4岁左右的时候,储存在大脑中的表象已经足够多了,他们想要通过画笔表达对外界的感觉。不断地画画可以促进孩子右脑的发育以及脑的联想、变化、跳跃、发散等功能的发展。人的大脑是一个整体：左脑着重于想象思维，负责语言、书写、数学运算等；右脑着重于形象思维，负责感知物体的空间关系、情绪、音乐等方面。对于4岁左右的孩子来说，右脑占有比较大的优势，但是随着年龄的增长，这个优势会逐步减弱。因此，在孩子处于绘画敏感期的时候，父母应该抓住机会，巩固和发展孩子的形象思维优势和创造性思维。

彬彬最近迷上了绘画，本子上、书上，就连妈妈的衣服上他都画上了画。每次去买东西，彬彬什么都不要，小汽车不要了，钢铁侠不要了，就连他最爱的玩具挖掘机也不要了，只买彩笔、画纸、图画书。

每次买回图画书，彬彬就会照着画，有小鸟、小老虎、大树，还有妈妈的鞋子、房子等。有一次，彬彬画完以后，就对妈妈说："妈妈，等我长大了就盖一个这样的大房子给你！"妈妈看着彬彬认真绘画的样子，心里开心极了。而彬彬画的也确实不错，爸爸妈妈觉得彬彬很有绘画的天赋，不能耽误了孩子，就决定给彬彬报一个绘画辅导班。

可惜，在绘画辅导班里，彬彬总是不按老师的要求绘画，每次都是想画什么就画什么。爸爸因此教训了彬彬好几次，结果不到一个月，彬彬就怎么也不肯去辅导班了，就算在家也不肯画画了。

家长应该明白，即使孩子很早就表现出了绘画的天赋，也并不代表孩子一定能够成为画家，因为每一个孩子在这个年龄都会进入绘画敏感期，但是，很显然，并不是每一个孩子都能成为大画家。即便如此，我们还是应该支持孩子绘画，但不能强制培养孩子的绘画能力，而是要让孩子自由发展，从而锻炼孩子的想象力、图形理解能力、用画笔的表达能力以及动手能力等，从而促进孩子大脑皮层的发育，进而促进孩子心理的发展。

绘画不仅可以发展孩子的自身因素，而且还是孩子很好的宣泄方式。前面也已经讲过，孩子还不具备情绪掌控能力，但是孩子和大人一样有压力、有消极的

让孩子尽情去绘画

孩子画出的内容，其实就是他们眼中的世界。当孩子进入绘画敏感期后，父母在培养孩子时要注意哪些问题呢？

1 支持孩子随意画

孩子自由地绘画是在表达自己的内心，这可以使他平时无法表露的内心矛盾得到发泄，使心理负担减轻，有利于保持心理健康。

2 鼓励孩子多画

鼓励孩子画不同的事物，让孩子笔下的世界更多彩一些。

3 陪孩子一起绘画

这个时期的孩子绘画是没有目的的，父母可以陪着孩子一起绘画，增强孩子的绘画兴趣。

当然，在孩子涂涂画画的过程中，父母要善于用鼓励、表扬的语气赞赏孩子的作品，以激发孩子继续创作的动力。

情绪，甚至比大人更多。而绘画具有很强的宣泄作用，可以使孩子消极的心理负担得到卸除，获得心理平衡，保障心理健康。个别4岁左右的孩子会表现出性格上的不良倾向，比如执拗、任性、无理取闹等，这种心理上的偏差是长期的不良教育形成的。不良教育起初会造成孩子心理上的消极、不平衡，如果这种情绪反复出现就会慢慢固定下来，变成不健康的心理，而画画可以克服不良教育的影响，让孩子获得自我保护。

进入绘画敏感期的孩子，会把绘画当成生命中最为重要的事情，孩子会不停地画，他们因此觉得十分幸福。所以，当孩子进入绘画敏感期时，父母应该让孩子尽情去画。

绘画敏感期的发展过程

敏感期中的孩子往往会对敏感的对象表现出痴迷的热情，孩子的绘画敏感期到来时也是如此。孩子的绘画敏感期在4~5岁到来，整个敏感期会持续一个月到一年的时间。

绘画品质是与生俱来的。每一个孩子都是一名艺术家，他们用绘画的方式来展现与众不同的生命的感觉。随着孩子一天一天长大，伴随他们成长的画笔不仅会带给他们喜悦，也会不断地为家长传递一个信息：关注孩子的艺术天性。

绘画是孩子表达自我的一种语言形式。可能对于我们大人来说，要通过后天的学习才能画画，但是对于孩子来说就像是说话一样自然。孩子在2岁左右时就可以自然地拿起笔来画画，只不过那个时候孩子画的只是一些线条，因为这个时期的孩子更多的注意力是放在手对笔的使用上，而不会对本身画的是什么东西产生太大的兴趣。随着孩子的成长，孩子就会发现，他的手能够控制住笔，可以画出一个大概的形状，这个发现会让孩子产生巨大的成就感。

伟伟在2岁多的时候忽然有几天变得十分安静,原本还喜欢到处找一些小台阶然后从上面跳下来,但是这几天他忽然间就不跳了,而是趴在桌子上专心致志地画起画来。

当然他的画可能也就只有他自己能够看得懂吧。伟伟手里握着笔不断地在纸上画一些曲线,有的可以连成一个圆,有的还没有连接成圆,总之就是一团一团的线团,但是伟伟乐此不疲。每当完成了的时候,他还会开心地告诉妈妈哪一个是苹果,哪一个是小花猫,虽然妈妈什么也看不出来,但还是会配合地欣赏他的画,并不断发出赞叹的声音:"哇,这只小猫这么漂亮啊!""这个苹果看着好大啊!"不过,这个时期并没有坚持几天,伟伟就又跑到外面疯玩起来,画笔也不再碰了。

当然,可能就像例子中的妈妈一样,很多大人会觉得这个时期的孩子的作品根本就不像是绘画,但是这个年龄的孩子的绘画就是这样的,这些线团或者点都表露着孩子最初的认识和原始的记忆。这个阶段被称为"儿童时期的符号系统",会伴随孩子很长时间。

随着时间的推移,孩子的心理不断成熟,认知水平不断提升,他们逐渐有了表现生活的愿望和需求,所以在这个时候他们会把生活和绘画紧密联系在一起。这个时期孩子的绘画就会进入一个新的阶段:回归生活,回归自然。他们开始注意生活中感兴趣的事物,开始喜欢观察动物、喜欢看动画片、喜欢听童话故事,从此进入了一个有形的空间,开始尝试着用绘画的方式表达他们喜欢的事物,于是孩子的早期造型就开始了。

这个时期的孩子总是会用最简单的绘画进行表达,所以我们所看到的孩子在这个阶段的作品都是一个雏形,比如一个圆圈就是一个苹果,画得大一点就成了西瓜等。在这个阶段,孩子不会注意一些细节,对细节也不感兴趣,因为他们的观察和表现对象永远是整体的、宏观的。也有一些家长有些心急,认为孩子画得不仔细,就会贸然地教孩子和要求孩子,孩子就会放下画笔让成人来画,同时还

孩子绘画的过程

一般来讲，孩子在绘画敏感期要经历以下几个发展阶段：

1 乱画阶段

这是我画的小花猫！

2 真正进入绘画状态

3 掌握形状阶段

妈妈的头发是长长的。

4 对细节观察和表达阶段

会表现出对自己作品的不满情绪，从此不肯再画画。大多数孩子的绘画天赋就是这样泯灭的。

> 4岁的翔宇已经在幼儿园学习了半年多了，最近翔宇出现了绘画的敏感期。他每天从幼儿园回家后就开始拿出自己的画笔和绘画本画画。翔宇并没有什么绘画的基础，刚开始画画的时候也常常让人分不清楚画的是什么，但是差不多半个多月之后，妈妈就发现原来翔宇每天都在画小鸟，各种各样的用圆形组成的小鸟。
>
> 自从喜欢上画画以后，原先调皮的翔宇变得非常安静，就像是变了一个人一样，连动画片也很少看了。有一次，翔宇又在画画，妈妈蹲在他身后看到翔宇在画一群排成队的小鸟。当然，翔宇笔下的小鸟就是一些圆圈，妈妈就告诉翔宇小鸟的头要小一点，要画上眼睛和尖尖的嘴巴等。翔宇有些疑惑，妈妈就拿过画笔画给翔宇看。翔宇并没有开心地跟着妈妈画，而是看着自己画的小鸟发呆，但是从这以后，翔宇就再也不画小鸟了，就连对画画的兴趣似乎也减少了不少。

当然，如果孩子顺利度过了这一时期，那么在孩子4岁半左右的时候，绘画就会有一个新的提升。孩子不再满足于对事物轮廓的宏观表现，开始关注事物的细节，画面也开始往更细微的方向发展。孩子加大了自己的观察力度，尽量去表现观察到的每一个细节，从这时期孩子的作品中就可以看到具体的内容了。比如孩子的人物开始有了头发，有了眼睛，甚至眉毛，在画西瓜的时候会画上西瓜的花纹，花朵里面有了花蕊，等等。父母通常会对此欣喜不已，孩子也会对绘画非常认真，有时还会对自己的作品感到不满意，于是，他们开始请教老师、父母。

到了6岁之后，孩子对绘画的兴趣会逐渐增加，他们开始用更丰富的绘画技巧表达他们对身边一切事物的认识和自己的心理感受。不过，到了这一时期，孩子基本上就已经度过了绘画的敏感期。

让孩子自由地绘画

绘画是孩子的一种天然的语言表达方式，处于绘画敏感期的孩子，根本不用父母去引导，他们自己就会拿起画笔来画画，他们会根据自己的心理、自己的理解和自己的喜好，任意地去表达自己所观察到的事物，表达自己的内心世界。孩子的心理和我们大人的心理是不同的，所以孩子的很多作品我们根本看不懂，但是孩子却非常欣喜。

但是有很多父母习惯于在这个阶段去纠正孩子的乱画行为，认为孩子这样就是不守规矩的表现，或者认为孩子错了就要纠正。其实，孩子只是在用绘画的方式来表达自己的感受，用自己独特的视角，来表达自己对世界的认识和理解。

从4岁开始，小雨便喜欢拿着笔乱画，不仅仅是在纸上画画，自己的衣服上也常常会有他的"杰作"。当然，家里的墙壁也成了他的画纸，到处都是各种分辨不出来的图案。

有一次，妈妈指着小雨画在纸上的东西问他："小雨，你这画的是什么呀？"小雨显然有些得意，开心地对妈妈说："小汽车！妈妈你看，我的小汽车是有翅膀的，它可以在天上飞！"

妈妈忍不住笑出了声，对小雨说："小汽车怎么可能长了翅膀，还在天上飞呢？小汽车是在地上跑的，而且你还给小汽车画了5个轮子，你见过5个轮子的小汽车吗？来，妈妈教你，小汽车应该这样画才对……"

小雨听了妈妈的话以后，原本得意的、兴奋的表情立刻就消失了，他直接扔了画笔跑回自己的房间玩去了。从那以后，小雨就不愿意再画画了。

显然，例子中小雨的妈妈对小雨的指导让孩子失去了对绘画的兴趣，要知道孩子的绘画并不是我们大人意义上的绘画，这只是孩子的一种表达方式，就和说话是一样的。但是很多父母在看到孩子开始拿起笔乱画的时候，就认为孩子很有可能具有绘画的天赋，所以在看到孩子能画出一些有模有样的作品时，就会觉得孩子未来一定是画家。于是，父母就开始不断要求孩子，甚至把孩子送到美术培训班，只要孩子的绘画作品中出现一点有违大人理解的事物的时候，父母就会马上纠正孩子，这样做是不对的。孩子绘画能力的发展是有一定的过程的，父母这种拔苗助长的方式对孩子并没有什么好处，反而会让孩子提前结束绘画敏感期，对绘画失去兴趣。

所以，父母应该正确看待孩子的这一敏感期，在这个阶段不要给孩子太多的干涉，让孩子通过他自己的绘画方式去表达自己的感觉和想法。因为在这个过程中，孩子会通过色彩、线条等方式来表现自己，并且还会极有成就感，这对孩子来说是一种愉快的成长经历。

如何对待孩子的绘画

孩子在绘画敏感期会通过绘画来表达自己的心理，因此，在孩子的绘画敏感期，父母要做到：

给孩子自由，让他去画

孩子的创作是随心所欲的，父母也要尽量给孩子足够的自由，让孩子尽情发挥自己的想象去创作。

适当地给予引导

给孩子自由并不是什么都不管，而是在适当的时候给孩子恰当的指导，让他的绘画再上一个新台阶。

对于孩子的绘画，父母也不必太过着急，看到孩子画得很乱就批评孩子，这样会打击孩子绘画的热情。而是应该遵循自然法则，让孩子顺其自然地慢慢成长。

第五节 音乐敏感期
—— 孩子天然的语言表达形式

解读孩子的音乐敏感期

音乐敏感期和绘画敏感期十分相似,也是一个呈螺旋状态发展的敏感期,孩子大约在4岁时会进入音乐的敏感期。在这个敏感期中,孩子等待或者寻找特别的音乐环境、跟音乐亲近,发展潜在的音乐天赋。人天生就有音乐的潜能,每当音乐响起的时候,孩子的身体就会自然产生一种反应,这种反应对平淡的曲调并不敏感,能对他们产生比较强烈刺激的是变换的节奏,因此节奏训练是很多早期音乐教育中较为重要的任务。

和其他的敏感期一样,当音乐的敏感期到来的时候,孩子在感受音乐刺激时,接受能力特别强。父母如果抓住这样的机会让孩子学习音乐,孩子会因为学习得特别轻松而获得特别好的效果,并且容易对音乐产生兴趣。

伴随着孩子的成长,孩子不仅使用听觉去感觉音乐,同时还会用整个身体的肌肉和心灵去感觉,只有身心两个方面真正投入音乐中的时候,孩子的心里才会觉得音乐带给他的感受都是真实的、生动的,由此产生的动作才是充满生命的运动。孩子在成长过程中,通过感觉认知音乐,形成最初的音乐概念,其间还穿插孩子自发性的创造活动,而这一切都源于孩子对音乐的渴求。

4岁的平平吃完晚饭之后，在房间里面玩，爸爸打开电脑一边玩游戏，一边放着歌在听。不一会儿，平平就冲着爸爸喊："爸爸，不听《活宝》，放一个《小苹果》听。"当《小苹果》的节奏响起来的时候，平平马上就开始跟着唱了起来，一边唱还一边跳起舞来。别说，平平的舞蹈都踩在点上呢。

妈妈觉得平平的乐感非常好，就想着好好培养一下孩子。于是就跟爸爸商量了一下，给平平报了一个舞蹈培训班。刚开始的时候平平特别高兴，每次到了要

发展孩子的音乐才艺

在孩子音乐敏感期，家长应该做到如下几点：

给孩子简单有效的支持

给孩子准备一些能出声的玩具，或者在孩子听歌、唱歌的时候不嫌孩子吵等，都是对孩子的支持。

鼓励孩子进行表演

孩子的表演可能并不完美，但是父母的鼓励会让孩子充满信心。

关于报班

音乐天赋的培养当然是通过专业的培训更好一些，但是给孩子报班一定要和孩子商量，不能强迫孩子。

去培训班的点都会有些等不及,妈妈也乐意看到这样的状况。但是,还没去几次呢,平平就不愿意去了。想到钱不能白花啊,妈妈就强行把平平送去,但是老师说平平即使去了也不好好学,总是在捣乱。

生活中有很多像例子中这样的父母,因为看到孩子喜欢音乐,就特别希望孩子在音乐方面发展,于是早早地就把孩子送去培训班。这样虽然给孩子提供了良好的学习环境,但是如果孩子在没有兴趣的情况下学习,那么孩子只会有痛苦的感觉,根本没有办法学好。

谈到对音乐的认识,很多父母习惯性地会想到歌唱家、音乐家。其实,音乐是6岁以下孩子内在心理建设的一个方面,孩子最终的音乐成就不但取决于孩子受到了怎样的外在刺激,还取决于孩子有着怎样独特的天赋。心理学家加德纳把人的智能结构分为8种,音乐智能就是其中的一种,具有音乐智能的人更容易在音乐方面有所成就,但是在4岁左右的阶段,孩子对于音乐的热爱,只是心理构建中的一个部分,与音乐智能并不是等同的意义。

不过,孩子在音乐敏感期时确实最容易接受外界的音乐刺激。父母如果抓住这个时间段,对孩子的音乐发展确实至关重要。音乐作为一种表达心理感受的语言,不仅可以提高孩子感受和体验情感的能力,还能陶冶情操,提高孩子的文化修养。所以,让孩子这个具有艺术天性的群体用自己独特的视角和感受,用艺术的方式和思维,表达他们对眼中世界的真实感受,以及耐心地观察和接受孩子自然的天性,才是父母培养孩子的最为适宜的方法。

为孩子创造良好的音乐环境

音乐敏感期的孩子所期待的外界刺激,不像口的敏感期到来时不需要刻意安排就能实现"吃手"、"啃脚"等动作,而是需要构建一个良好的音乐环境。比

如，妈妈在家里喜欢哼歌或者家里经常播放某首歌曲，孩子就能很容易哼唱出来，而且是不经意间就能唱出来。但是如果没有妈妈的哼歌或者家里没有经常播放某一首歌，孩子没有机会处在这一首歌的环境中，孩子就不能在不经意间唱出来。

有一个好的音乐环境很不容易，这个环境包括音乐本身、音乐设备以及共同感受音乐的人。我们都知道很多家长会逼着孩子练习各种乐器，孩子对此感到无比痛苦。但是如果在孩子的音乐敏感期到来的时候，顺其自然地发掘孩子的音乐天赋，他们可能不用家长逼，自己就会去练习。即便是孩子在后来并没有学什么乐器，但是如果孩子具备了乐感和鉴赏能力，比起那些把拉琴当成痛苦的孩子来说，他们对音乐的感觉会好很多呢。

蓉蓉的音乐敏感期是在4岁的时候出现的。

那时候，每天去幼儿园接蓉蓉的时候，她总是会拉着妈妈的手到幼儿园的二楼，因为幼儿园的琴房在二楼，蓉蓉一边走一边对妈妈说："妈妈，我们上去弹琴吧！"有的时候蓉蓉一句话也不说，拉着妈妈就上去，不过妈妈也知道蓉蓉一定是上去弹钢琴的。那一段时间，蓉蓉几乎天天都要去弹琴，所以母女两个常常是天黑了之后才会回家。

不过也确实十分有用，那段时间里蓉蓉学会了弹好多首简单的曲子，没有老师现场指导，妈妈也不会弹琴，只是在一边静静听着。蓉蓉就根据老师在上课的时候讲过的知识，自己反复练习，慢慢就学会了弹。家里并没有买钢琴，蓉蓉就把老师的教科书借回家，把家里的暖气片当作钢琴，摆上乐谱，煞有介事地一边谈一边唱，一弹就是几十分钟。

这种情况持续了将近3个月。后来，蓉蓉虽然不像那段时间那样天天去弹琴，但是这3个月的时间为她以后的音乐学习打下了坚实的基础。

音乐以其优美的旋律、跳跃的音符征服了许多人的心。孩子也是一样，在4岁左右的时候，孩子会随着音乐起舞，会对各种乐器产生浓厚的兴趣，会不自觉地

跟着乐声哼唱曲调……在很多时候，孩子用他对音乐的热情回应，告诉父母：我的音乐敏感期到来了！我需要音乐！在这样的情况下，父母如果顺应孩子的意愿，满足孩子的心理需求，及时让孩子接触音乐，这时候孩子的音乐天赋就有可能被很好地开发出来。如若父母引导得当，孩子在音乐方面也许会有很好的发展。

不过，这期间需要父母悉心呵护，谨慎对待，而不是逼着孩子往父母想要的方向发展，这样才不会让孩子学习音乐的积极性受到不良影响，才不会使孩子的音乐天赋迅速消失。父母可以在这一段时间里，为孩子提供一个良好的充满音乐的生活环境，让孩子在环境的熏陶下使天赋得到自然发挥。

悉心呵护孩子对于音乐的兴趣

不要用成人的眼光去评价和打击孩子

无论孩子的歌声怎样，父母都应该给予他鼓励，让他尽情发挥音乐天分。

不要强迫孩子去学习音乐

孩子对音乐感兴趣，并不是说他必须要在这个方面有所发展，因此，父母不要强迫孩子学习声乐或者器乐。

父母应尽量使处于这个时期的孩子拥有学习和了解音乐的机会，这将会让孩子产生良好的乐感，并且还能培养孩子的音乐欣赏水平，这对孩子来说是一笔非常宝贵的财富。

第五章 **5~6岁，让孩子在敏感期自由成长**

第一节 书写与阅读敏感期
—— 对文字符号产生了极大兴趣

解读孩子的书写与阅读敏感期

孩子在5岁左右的时候，文字、书写、符号（拼音）、阅读等各个方面都进入了一个迅速发展的敏感期。孩子开始对书写和阅读等认识符号文字的事情非常感兴趣，这个时期的孩子对书本会有一种特殊的感情，他们常常会乐此不疲地阅读或者书写。

对于任何人来说，阅读都是让人受益一生的良好习惯。但是孩子的这种好习惯的养成往往要追溯到他们的童年时期：在童年时期，他们对书本的认识是怎样的；在童年时期，他们对书本的兴趣是否很好地被延续了下来……如果孩子在小的时候，遇到不明白的问题，父母能够引导着孩子向书本求助，这就在无形中向孩子传达了这样一种观念：书本是神圣的，它能帮助我们解决很多问题。

另外，书写的敏感期与阅读的敏感期是一样的，在这个敏感期，孩子会乐此不疲地书写。当然，在很多时候，孩子所写的内容常常不规范，可能除了他本人，别人都不知道他究竟写了什么，但是这个时候家长的鼓励和欣赏是使孩子的书写兴趣能够延续下去的动力。

小志在5岁左右的时期经历了书写的敏感期，在那段时间里，小志拿着本子不再是用彩笔在上面画画了，而是学着书本或者根据自己的想象开始书写文字。刚开始的时候当然也是写不好，即使照着挂图上的拼音，也不能书写规范，不过没几天的时间，妈妈就可以大概看出他写的是什么了。

妈妈觉得孩子到了该学习的时候了，而且小志最近又很爱写字，于是妈妈就找了一些小学一年级的简单的汉字让小志学着写。想着这样可以让小志提前学会一些小学的内容，这样在升入小学之后应该会学得好一点，至少可以比那些没有学习过的孩子优秀。刚开始的时候，小志的积极性非常高，往往一天就能写会好几个汉字，但是他就像是在画画一样，并不是记住了这个字读什么，是什么意思，只是在书写的过程中得到了心理的满足。

阅读敏感期的阶段

一般孩子在五六岁的时候就会进入阅读敏感期，但是这一个时期也分为两个阶段：

他人阅读阶段

孩子在3岁左右的时候，由于不认识字，没有熟练掌握语言，他们会要求成人读书给他们听。

自己阅读阶段

这也就是通常说的阅读敏感期，在孩子五六岁的时候，认识了一定的文字，已经可以阅读简单的图画书了。

家长一定不要小看孩子的阅读敏感期，孩子长大以后对于阅读的态度以及对于图书的看法，往往就是在这一时期开始形成的。

可是妈妈却觉得小志一点也不认真,只要小志写得不规范,妈妈就会罚小志写10遍,甚至更多,这让小志对写字产生了畏惧的心理,常常趁妈妈不注意就跑出去玩。妈妈就到外面把小志带回来,非让他完成任务,经常惹得小志大哭起来。而小志对书写也彻底失去兴趣了。

很多家长会像例子中小志的妈妈一样,因为有望子成龙的愿望,希望孩子将来考上大学有出息,还希望自己的儿子比别人更加优秀,于是就让孩子在这个年龄阶段开始学习。

当然,如果孩子愿意学习自然好,但是我们家长要了解孩子这个时期的心理:孩子在这个阶段对符号也就是文字感兴趣,就像是其他的敏感期一样,只是对敏感对象感兴趣而已,文字是他们认知世界的一个客观对象,他们并不是对学习文字感兴趣,而仅仅是对文字本身感兴趣。所以,父母这时要了解孩子的这种心理,不要强迫孩子去学习识字。

更重要的是,我们家长需要知道,通过创造自我而建立强大的人格力量和心理力量,是0~6岁孩子成长的主旋律。错过了这个时期,也许这一辈子都无法弥补。当孩子自然发展到该学习与认字的阶段时,孩子会轻松愉悦地学得更好。如果没有抓住孩子的这一敏感期,我们会付出捡了芝麻丢了西瓜的代价。

没人看得懂的文字

就像孩子在绘画的敏感期会痴迷于绘画一样,孩子在书写的敏感期会迷恋上写字,常常一个人坐在书桌前,一写就是半天,有时还会兴奋地向别人炫耀自己写的字。但是,在这个时期孩子的书写就是乱画,他们会不停地写呀、画呀,但是没有人能够看得懂他们究竟写了什么。

就像一团线条就可以是一幅绘画作品一样,在这个书写的敏感期,一个小黑点或者几条线，就可以是一个汉字，大人看来可能没有任何意义，但是孩子却能讲得头头是道。很多家长看到孩子的字以后可能感觉比甲骨文还要难以辨别，但是，作为孩子的父母，应该了解孩子的心理，在这个时期，书写只不过是孩子表达心理的一种方式而已，并不是我们大人意义上的书写。但是，也不能因此小看孩子的书写敏感期，在这个时期孩子对文字的兴趣，如果可以保留并延续的话，会对孩子以后的学习生活产生非常积极的影响。因此，在孩子进入书写敏感期以后，父母要尽量满足孩子心理表达的需求，对于孩子的书写保持鼓励和欣赏的心态，让孩子尽情书写。

英才已经5岁半了，从幼儿园回家之后，既不出去找小伙伴玩了，也不跟在妈妈身后要彩笔画画了，反而会拿着笔趴在茶几上涂涂画画很长时间。"该不会是喜欢上素描了吧？"妈妈产生了这样的想法，但是想到孩子才这么小，应该不会。于是，妈妈就走到英才跟前看看他究竟在干什么。

看到妈妈走了过来，英才兴奋地拿着本子给妈妈看："妈妈，你快看看我写的字漂亮吗？"原来是在写字！不过孩子写的字真的是比甲骨文还难懂呢，就那么几个线条，还有几个圆圈，实在是看不懂他写的是什么。可是妈妈担心说看不懂会打击孩子的自尊心，于是就对英才说："哎呀，写得这么好呀，你可以给妈妈讲讲吗？"英才并没有多想就开始给妈妈讲了起来："妈妈，你看看这个，这个是老K，这个是8，还有这个是小鸭嘎嘎的那个2……"因为英才非常喜欢看大人们打牌，因此写的字也是关于扑克牌的呀。

虽然妈妈并没有看出来，但还是很认真地听英才在讲解。

当然，任何事情的发展都是有规律的，孩子的心理也是在不断成熟的。父母会发现，随着年龄的增长，孩子书写的内容逐渐有了实际的意义。可能刚开始的时候只是简单的阿拉伯数字，或者"a"、"o"、"e"等简单的拼音，但是用不了多久，孩子就可以写一些简单的汉字了。

但是不可否认，有很多父母对于孩子的发展有些过于着急，不能慢慢遵循孩子自身发展的规律，因此，当孩子刚开始乱画乱写的时候，不能心平气和地接受，因此常常干涉孩子的行为。很多孩子在写完之后会开心地问父母："你看看

帮孩子顺利度过书写敏感期

孩子到了五六岁的时候都会对书写非常感兴趣，虽然他们还写不好，但是父母也不能因此就不让孩子书写，而是要帮助孩子顺利度过这个敏感期。

1 鼓励孩子的书写行为

父母的鼓励和欣赏，会让孩子更加喜欢书写，从而增加了对书写的兴趣，这将有助于孩子以后的学习。

2 和孩子一起书写

和孩子一起写写画画，不仅可以让孩子感受到父母的支持，还可以增进亲子关系。

3 不要否定和揭穿孩子

孩子写的字可能只是乱写，根本认不出，但是在孩子一问的时候，父母尽量不要揭穿孩子，保护好孩子的自尊。

我写的是什么？"很显然，孩子觉得阅读他的文字的人能够看懂他写的是什么，但是我们家长往往看不懂，因此很多家长就会开始教育孩子，说孩子是乱写，然后会教给孩子正确的应该怎样写。可是这样就会打击了孩子的积极性，很可能会让孩子失去对书写的兴趣。

当然，父母如果想要引导孩子更好地书写的话，其实不必采用一笔一画教给孩子的方法，而是给孩子做好书写习惯的示范和创造学习的氛围。也就是说，在日常生活中，父母可以有意识地经常用笔写写算算。因为从前面的内容中我们也知道，孩子会模仿父母的行为，因此孩子也就会学着写字。

孩子爱上了阅读

很多父母都会遇到这样的状况，就是带孩子出去玩的时候，孩子开始对广告牌、公交车上的广告或者站点、街道两边店铺的名字等一切有字的地方非常感兴趣，一路上不停地在问"这个是什么字呀？"或者"那个读什么呀？"等。如果父母耐心地告诉孩子，并重复几遍，很快孩子就能记住，当在其他的地方再发现这个字的时候，孩子就会读出来。这个过程一般发生在孩子5岁左右的时候，这个阶段的孩子非常乐于识字。这个时候的孩子就是对文字着迷，对此，父母要尽量满足孩子的心理需求，满足他们识字的欲望。

在孩子积累的文字越来越多的时候，孩子就不再局限于广告牌了，而是开始对阅读书本感兴趣，于是，孩子就进入了阅读的敏感期。在进入阅读敏感期之后，孩子对阅读的兴趣会变得非常强烈。在这之前，也就是在3岁左右的时候，由于自己不认识字，孩子常常会缠着父母给自己读故事书，但是在孩子5岁多的时候，由于自己已经认识了一些字，他们开始尝试自己阅读，并对此十分感兴趣，常常拿到书本就阅读，就算是一些宣传的纸张他们也会拿起来读一下。当然，孩子还不能全部认识，很多字还是不会读的，但是这也丝毫没有影响他们阅读的热情。

曼曼还不到5岁的时候就对识字充满了兴趣，每次妈妈带着曼曼出去玩的时候，曼曼就对广告牌上的字非常好奇，看到一个就问一个。妈妈知道孩子在小的时候都会对此好奇，很多孩子在3岁多的时候就开始想要认字了，曼曼已经晚了一

给孩子创造良好的阅读环境

阅读还需要有一定的阅读环境，因为孩子的注意力还不能像大人一样集中，因此父母要给孩子创造一个良好的阅读环境。

第一

要有符合孩子年龄特征的书桌和凳子。并且光线充足，空气要流通。

第二

给孩子安静的环境，不要在孩子读书的时候大声地看电视。

第三

要有适合孩子阅读的书，并有适合孩子拿书、放书的地方。

点了,所以妈妈每次都会耐心地回答"这个是爆,火爆招募中……""这个是暑假,暑假来袭"。妈妈在说的时候,曼曼都会认真地听着,还会跟着妈妈念,因为广告牌往往会比较重复,曼曼就会见到一个读一个,等一条街走完,这个字也就认识了。

每天晚上,妈妈都会给曼曼读故事书,妈妈买的故事书上的字非常少,每一页都有一幅画,配上一两行文字,文字也都是非常简单的一两句话。以前都是曼曼和妈妈一起看着书,妈妈读文字,曼曼就看着图画听妈妈读。但是最近她一听妈妈读就着急,说:"我来读,我来读,我给你讲故事。"于是,她就伸着小手指着文字,一个一个地读起来,不认识的字就说"什么",妈妈就会教给她。就这样读了几天,一本故事书里的3个小故事,她都能自己读下来了!

当然,孩子想要阅读的话,就一定要认识字。所有的孩子都会有一个对识字特别感兴趣的时期,在这个时期,父母要满足孩子对于识字的心理需求。比如孩子在街上走的时候,他会看到什么就读什么,遇到不认识的字就会问自己的父母,总是走一路问一路。对此,父母不要觉得不耐烦,而是应该耐心地回答孩子的每一个问题,最好是重复几遍,或者给孩子多组几个词,加深孩子的印象,这样孩子在遇到这个字的时候,就可以轻而易举地读出来了。这就是在满足孩子的识字的心理需求。

等孩子认识的字多的时候,孩子自己就会开始喜欢上阅读,这个时候,父母就可以有意识地帮助孩子养成良好的阅读习惯。可能刚开始的时候孩子会让父母给自己读,父母就可以声情并茂地给孩子读,引起孩子想要阅读的兴趣。读到孩子感兴趣的地方时,可以停下来,和孩子一起看看书,并问几个问题,让孩子慢慢习惯自己阅读。当然,给孩子阅读的书籍一定要符合孩子的年龄特征,不要太难,最好是图文并茂,这样才能吸引孩子的注意力,从而引起孩子阅读的兴趣。

不可否认,阅读对于任何一个孩子来说,都是有益无害的。有句古语说"开卷有益",就是这个道理,所以,当父母发现孩子对阅读感兴趣的时候,一定要悉心保护孩子的这一兴趣,让阅读充实孩子的心灵,增加孩子的知识。

引导孩子的阅读兴趣

阅读可以增加孩子的知识，但是有的孩子并不喜欢阅读，那么父母该如何引导孩子的阅读兴趣呢？

首先

满足孩子的识字需求：可以在家具、生活用品、学习用品上贴上标有它们名称的纸条，这样孩子就会逐渐认识这些字了。

其次

帮助孩子养成阅读的习惯，最好的办法就是给孩子读故事，然后引导孩子逐渐自己阅读。

最后

要让孩子尽早接触书籍。阅读敏感期不是自动自发出现的，需要一定的刺激，因此，父母可以在孩子小的时候有意识地给他们提供一些书籍。

第二节 数学敏感期
—— 对数的序列以及概念之间的关系产生兴趣

解读孩子的数学敏感期

心理学家认为,孩子数学概念的发展,通常是由口头数数开始的,然后是点实物数,最后,才是根据抽象的语言去拿取相等的实物。数字对开发孩子的智力有着至关重要的作用,也是培养孩子逻辑思维的开端。

孩子在出生之后,在与物质世界经过充分的接触之后,智力会自然而然地上升一个状态,开始对抽象的符号突然发生兴趣。于是孩子开始进入数学的敏感期。数学敏感期是孩子开始接触数学这一抽象内容的时期,这一时期一般是在孩子五六岁的时候到来。

小杰刚刚上幼儿园小班,妈妈觉得已经开始上学了就不能天天玩了,应该学习一些知识。于是妈妈买来了两个挂图,一个是拼音的挂图,一个是数字的挂图,没事的时候就会让小杰来认识拼音或者数字。因为挂图上还有图画,所以刚开始的时候,小杰还是对挂图很有兴趣的,但是学了几天之后就觉得没意思了,放学后就想着跑出去和小伙伴们玩。但是妈妈非让小杰学15分钟之后才能出去,而且还要检查学习的结果。于是,小杰只好硬着头皮去学习了。

但是这样的效果并不好,往往当下小杰记住了,但是没几天就又忘了,只好

重新再学一遍。就这样，经过一个多月的学习，小杰终于学会了挂图上的数字。可是当妈妈问他："3个苹果和5个苹果哪一个多？"小杰一会儿说3个，一会儿说5个，根本就不知道这两个数字到底哪一个更大一些。

从心理学的角度来说，小孩子出于生存的需要，他的主观意识中会去做一些讨好抚养人的事情。因此，有些小孩子表现出喜欢学，是因为他发现，如果能记

帮助孩子建立数的概念

数字对开发孩子的智力有着至关重要的作用，也是培养孩子逻辑思维的开端。因此，父母可以在生活中利用实物对孩子进行数学教育，让孩子建立数字概念。

在给孩子饼干的时候，一块一块给他，要告诉孩子"一块、两块……"然后让孩子数数一共多少块，或者数台阶、数水果等。

给孩子编一些带数字的儿歌，并辅以动作，比如拍手歌等。

对于年龄大点的孩子，父母可以和他们玩"开商店"的游戏，让孩子当店主，父母来买东西。通过对价格的运算，孩子就会逐渐学会简单的数字代表的意义，并学会简单的加减法。

住这些东西，爸爸妈妈就会高兴。所以在表面上，孩子似乎喜欢学，其实，是孩子压抑了自身的需要，去迎合父母的期望。显然，这对孩子的发展是没有好处的，因此，父母完全不必强迫孩子提早进行学习。到了数学的敏感期，孩子自然会对这些抽象的符号感兴趣，而且这个时候，孩子学习得更快，并能真正理解和吸收，做到永久性记忆。

学习数学要循序渐进

心理学家研究发现，孩子的敏感期是在自然客观的条件下，给予大量的观察和实践得出来的。自然发展的过程是不能逾越的，虽然每个孩子存在个体的差异，进入敏感期的时间也会有所差别，但是不能通过人为的手段将敏感期提前。

当然，即使孩子进入了数学的敏感期，孩子的学习过程也是有一定顺序和规律的，并不是一蹴而就的。因此，父母仍旧不能急于求成，而是要根据孩子的实际特点，循序渐进，慢慢地让孩子尽可能自然地发展。

菲菲已经6岁了，马上就要上小学了，但是，一直到现在她对数学一点也不感兴趣，连最基本的加减法都不会做。跟菲菲同龄的孩子都已经可以自己数到100了，有的都会两位数的加减法了。但是菲菲就是不爱学，其他的东西，比如说一些成语或者英语单词，只要一教就会，可是数学却怎么也不肯学。

妈妈很担心这会在菲菲上小学以后影响她的数学学习，就动员全家来教菲菲学习数学。即便在给菲菲买水果的时候，也会让她学一下简单的加减法。但是，大家的努力都付诸东流了，菲菲完全不感兴趣。

于是，妈妈开始逼着菲菲学习，买来一些教具，让菲菲练习，完不成任务就不让菲菲吃饭。菲菲虽然有些委屈，倒是也真的开始学习简单的计算了，可是常常今天会了，过两天又忘了，根本就不上心。妈妈要是管得严一些，菲菲就会开

教孩子学数学的三个阶段

很多家长对于孩子的学习都有些着急,尤其看到其他的孩子都已经会了,自己的孩子却不会,就会有些急于求成。但是任何学习都是要遵循规律循序渐进的,家长可以参考下面三个阶段来教孩子学习数学。

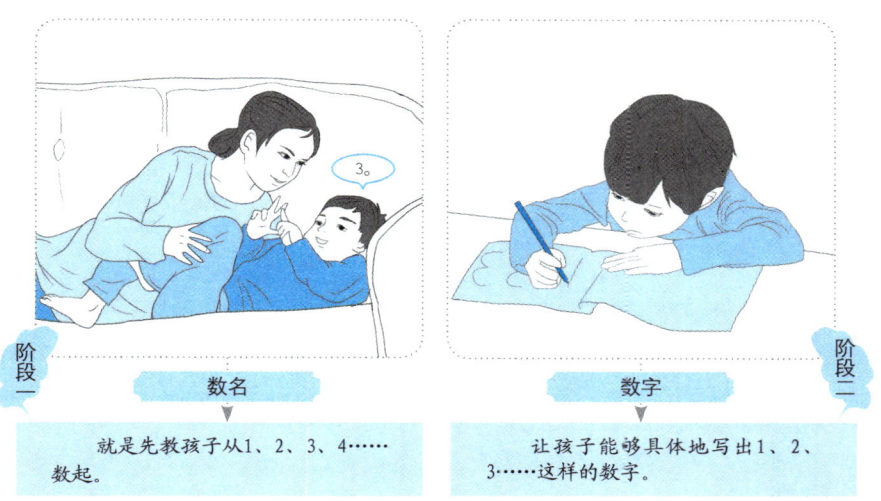

阶段一 数名:就是先教孩子从1、2、3、4……数起。

阶段二 数字:让孩子能够具体地写出1、2、3……这样的数字。

阶段三 数量:经过前两个阶段之后,孩子就会对数量产生兴趣,这时父母就可以教孩子一些生活中的数量,比如今天买了几个水果等。

当孩子把数名、数字和数量合为一体的时候,孩子才真正地走向了数学。

始哭闹，怎么也不学了。原先还会嘻嘻哈哈跟妈妈玩数字游戏的菲菲，现在只要看到数字就会犯愁了。

家长也不必担心孩子敏感期出现得晚会影响孩子以后的数学学习。孩子的数学敏感期相差一两年都是非常正常的。但是数学敏感期出现得晚，并不意味着孩子数学能力发展的速度就一定慢。因为这个时期他们已经具备了一定的逻辑思维能力，所以孩子很快就会过渡到探索那些较难题目的方面去。

每个孩子的成长都是有其内在的规律的，家长只有尊重这些规律，孩子才会健康快乐地成长。所以，当孩子的数学敏感期迟迟不肯出现的时候，家长也不要强迫孩子，而是要耐心等待，等待孩子敏感期的到来。

学习数学的误区

心理学家研究发现，0~6岁的孩子的思维是非常具体和直观的，随着年龄的增长，会逐渐过渡到抽象思维。因此，在孩子五六岁的时候，家长就会发现孩子可以从1数到100，也可以在从100数回1，但是，他却分不清楚3和7谁大谁小。不过，当你把3个苹果和7个苹果放在一起对比的时候，他立刻就会知道7个苹果更多一些。

所以，在教孩子数学的时候，父母首先要弄清楚，在这个年龄阶段的孩子，他们的思维是什么样的，有什么特点，避免在教孩子学习的时候走入误区，耽误孩子学习。对于孩子的数学学习，常见的教育误区有以下三种：

1.观念上的误区：觉得学习数学是上小学以后的事

经过大量的心理学研究发现，孩子在5岁前后会进入数学敏感期。在这个敏感期孩子对数字的概念、数量关系、排列顺序、数学运算、空间概念等会突然发生极大的兴趣，并对这些变化有着强烈的求知欲，在这个时期，对孩子进行数学教育会有事半功倍的效果。而错过了数学敏感期，有的人一生都不会再对数学产生

这样大的兴趣,有的孩子甚至一提数学就头疼。心理学家发现一个孩子对数学的态度,无论是喜欢还是讨厌或者是恐惧,大多数是在儿童阶段造成的。

程程还在读幼儿园的时候,有一阵子突然迷恋上了数学,见到什么都会数一数。在广场上看到很多人在跳广场舞,他就站在一边伸着手指一个一个数,数完之后就会兴奋地对妈妈说:"妈妈,你猜猜有几个人在跳舞?"妈妈当然没有数过有多少人,就说不知道。这个时候程程就会自豪地对妈妈说:"一共有29个人,有29个,你知道吧?还没有30个呢。"

除了乐于数数之外,程程还喜欢计算,经常跟在爸爸妈妈身后问几加几等于多少这样的问题。可是爸爸妈妈都很忙,而且觉得这么小的孩子不学也没关系,等上了小学之后,老师都会教的。于是在程程不停地提问的时候他们就会不耐

生活中如何教孩子学数学

当孩子处于数学敏感期时,父母要抓住机会培养孩子对数学的兴趣,因此,父母可以参照以下两种方法,让孩子爱上学数学。

方法一

巧选操作材料,指导孩子操作

父母可以给孩子提供多样性、多层次、多功能的活动材料,并保证孩子动手操作、主动探索的时间。

方法二

利用生活中的数学,激发孩子的内在学习动机

如果孩子对某件事情感兴趣,父母可以引导孩子主动学习,并有意识地创造问题情境让孩子进行思考、讨论、实践等,感受学习的趣味性。

烦，让程程自己到一边玩去。如果程程不听话，爸爸妈妈有时气急了还会打两下他的屁股。没过多久，程程就不再喜欢数数了，也不再问一些计算的问题了。

可是，等程程上了小学之后，无论怎么学，数学都学不好，对于语文知识一学就会，但是数学题目总是做不对。而且程程也不喜欢数学，老师说程程上数学课的时候总是调皮捣蛋，不愿意听讲。

很明显，程程之所以不愿意学数学，与先前处于数学敏感期时父母的态度有很大关系，那个时期父母的训斥让程程对数学产生了恐惧感，使得他对学习数学失去兴趣，即使上学之后付出再多的努力，也达不到好的效果了。

2.内容上的误区：算术就是数学

很多家长只要一提起数学，就认为数学是数字的加减乘除的计算。而数学所包含的内容非常广，并不是只有计算。如果只是教给孩子数学运算，孩子的思想就会被禁锢，而且耽误孩子很多其他方面的发展，反而不利于孩子将来在数学方面的发展。孩子学习的数学内容应该包括：理解数的概念、几何形体、空间关系和时间关系、数学操作技术等多方面，缺一不可。这样多方面的教学，可以在发展孩子逻辑思维的同时，发展孩子的观察力、注意力、记忆力和空间想象能力等。

3.方法上的误区：死记硬背

很多家长在自己学习数学时也是采用死记硬背的方法和机械的训练，记住公式，认为只要把公式记在脑子中就可以了。当然，这种方法在短时间内就可以看到成果，孩子会记住一些公式，套进去就可以用。但是孩子的思维却并没有发生改变，也就没有让孩子得到实质性的发展。

儿童心理学家蒙台梭利认为，人类的学习过程是由简单到复杂，由具体到抽象的，所以在面对数学这种抽象的知识时，唯一让孩子觉得容易的学习方法，就只有从具体、简单的实物开始进行感官训练，进一步让孩子借实物完成从"量"的实际体验到"数"的抽象认知。

第三节 社会规则敏感期
—— 懂得共同建立和遵守规则

解读孩子的社会规则敏感期

根据心理学家皮亚杰的观点，0~5岁的孩子极少对规则表现出关心或者注意。这个阶段的孩子还没有意识到规则的存在，因此道德规则也没有建立。皮亚杰将这个阶段称之为前道德阶段。

从5岁开始，孩子就会进入他律道德阶段。这个阶段的孩子具有很强的规则意识，他们逐步认识到规则是由权威人物制定的，并把这些规则看作神圣不可侵犯的。

妞妞是个特别懂规矩的小女孩，一举手一投足都能照顾到别人的感受。由于妞妞的家是住在楼上的，因此从小妈妈就一直告诉妞妞不能在房间里使劲蹦跳，也不能拉着自己的小凳子随便在房间里跑，因为这样会发出很大的声音，打扰到楼下的人。因此，每次拿东西的时候，妞妞都是轻拿轻放，走路的时候也是轻轻的，就怕打扰到楼下的人。

有一次，妈妈提了一桶矿泉水上楼，到房间之后，由于太累了，实在没有力气慢慢放下，于是在放下的时候发出了很大的声响，这下可被妞妞听到了，开始"教育"妈妈："妈妈，你真的是太大声了，吵到楼下的阿姨可怎么办呢？以后你要注意！"完全是一副大人的口吻。妈妈配合着妞妞说："真是不好意思，我以后一定注意！"妞妞这才没有继续"追究"。

妞妞的这种行为，就是她自我意识发展的一种表现，也是她心理成长的一种标志。她自己会遵守规则，但是也会要求其他人都遵守。比如，当妈妈没有遵守妞妞所认为的规则的时候，就会遭到妞妞的"教育"。其实，在孩子的这一时期，父母要尽量尊重孩子的成长规律，否则孩子的这种社会规则的敏感期很有可能会稍纵即逝。

因此，当孩子处于社会规则敏感期的时候，父母要尽量给孩子自由，并配合

如何培养孩子的规则意识

虽然五六岁的孩子已经有了一定的规则意识，但是有些规则即使和孩子讲过了，孩子还是不记得，因此，父母要多引导孩子，逐渐培养孩子的规则意识。

1 定规则时和孩子一起商量

让孩子感受到被尊重和规则的重要性，那么孩子的主人翁意识就会树立，对于规则就不会排斥而是拥护了。

2 定规则的注意事项

内容明确，让孩子弄清楚他需要做什么，不这样做的后果又是什么。

当然，一些规则制定之后，父母也要尽量遵守，否则孩子会觉得规则只是约束自己的，会产生不满。

孩子遵守规则，这样才能促使孩子健康快乐地成长。当然，任何探索都不可能是一帆风顺的，在给孩子自由的同时，如果孩子遇到了困难，父母就要及时给予孩子鼓励，并帮助、引导孩子顺利度过社会规则敏感期。

破坏规则会让孩子非常痛苦

孩子到了5岁左右的时候，就开始对规则的建立和遵守显得格外注意，因为这一阶段的孩子正处于社会规则的敏感期。按照心理学家皮亚杰对儿童道德认知理论的划分，5岁左右的孩子正处于他律道德阶段或者说是道德实在论阶段，皮亚杰认为这个阶段还是比较低级的道德思维阶段，在这个阶段的孩子会单方面地尊重权威，有一种遵守成人标准和服从成人规则的义务感。孩子认为服从权威就是"好"，不听话就是"坏"。而且他们将这一规则看作固定的，不可变更的。

另外，在这一时期，孩子看待行为有绝对化的倾向，在评定行为是非时，总是抱极端的态度，或者完全正确，或者完全错误，还以为别人也这样看，不能把自己置于别人的位置看问题。

因此，对于一些既定的规则，孩子会坚决遵守，如果有人不遵守这个规则，或者是破坏了原先的规则，孩子就会觉得非常痛苦。在成年人看来，这个时期的孩子对于规则有一种近乎执拗的态度。

5岁的丹丹和巧巧是一对好朋友，两个人的年龄也差不多，经常在一起玩耍。有一次，两个人在小区的空地上玩。巧巧的手里拿着一个穿着粉红色衣服的芭比娃娃，丹丹也觉得很漂亮、很喜欢。看到丹丹的眼睛一直盯着自己的芭比娃娃，巧巧就对丹丹说："你要是给我唱一遍《数鸭歌》我就把娃娃送给你，好吗？"丹丹一听非常开心，因为她很想要那个芭比娃娃。于是就开始卖力地唱了起来。

但是等丹丹唱完之后，巧巧忽然又反悔了，她抓紧自己的娃娃，并小声对丹丹说:"我不能给你,这是我妈妈刚买的。"丹丹听到后十分激动,连眼眶都有点湿了,大声对巧巧说:"可是你说的,我给你唱了你就给我的!"但是巧巧依然抓着娃娃不放,在趁丹丹揉眼睛的时候,巧巧转身跑掉了。

尊重孩子在规则中的权利

孩子处于规则敏感期的时候,就会对任何事情都讲究规则,当然,也十分看重公平,把自己的权利看得非常重要,所以,父母可以通过以下方法正确引导这一时期的孩子:

1 真正尊重孩子的权利

不要对孩子追求自己的权利表现出不屑,甚至敷衍的态度,正确引导孩子明白权利是他必须要维护的。

2 允许孩子玩有输赢的游戏

有输赢的游戏就会有规则,就要求参加的人都要遵守,因此,可以由此锻炼孩子如何承受结果,并培养自己的心理素质。

3 给孩子公平的待遇

这个时期追求公平是孩子的心理需求,父母要尽量主动维护孩子的权利,给孩子公平的待遇。

丹丹很伤心地跟妈妈说："巧巧说话不算数，她那样是不对的，我以后不跟她玩了……"以前丹丹从来不会这样在乎这样的事情，而且那个娃娃本来就不是丹丹的，可是，现在丹丹却十分在意，妈妈只好不断地安慰伤心的丹丹。

很明显，丹丹之所以会这么痛苦，是因为巧巧没有遵守她们在之前就定好的规则。就像例子中的两个孩子一样，这个阶段的孩子在做一件事情前会先去建立一些规则，以此来约束每个参与这件事情的人，因为规则会让这个时期的孩子感觉到安全。而且，这个时期的孩子自我意识进一步发展，他们开始懂得要求平等、公正。

因此，当孩子处于这一敏感期的时候，父母要尊重孩子的权利，遵守规则，并通过正确地引导，帮助孩子形成正确的规则意识。

不要强迫孩子做违背规则的事情

心理学家皮亚杰认为孩子对规则的认识存在三个主要的年龄阶段：第一个阶段，规则还不是遵守义务的社会规则。孩子常常把自己认定的规则与成人教给的社会规则混在一起。第二个阶段，规则是以片面的尊重为基础的强制性规则。孩子认为规则是外加的、绝对不能变的东西。例如年幼的孩子与年龄较大的孩子一起玩时，并不了解为什么要有规则，只是因为年龄较大的孩子强迫他们要遵守。第三个阶段，规则是彼此商订的、可变的。这时孩子不再把规则看作神圣不可侵犯的，而认为游戏中最重要的是维护双方对等的原则，具体的规则是孩子自己商订的，因此也是可变的，关键是要使它合理，一旦确定了规则，参加游戏的人就有义务遵守它。

而孩子在5岁左右的时候对于规则的认识正处于第二个阶段：他们认为规则是不可以改变的，如果有人强迫他们改变规则，孩子就会觉得难以接受，十分痛

苦。面对拥有这一规则意识的孩子，如果父母强迫孩子去做一些他们认为不符合规则的事情，很有可能会对孩子的心理造成伤害。

妈妈逛街的时候给5岁的灵灵买了一条短裤，上面还印有米老鼠的图案，因为灵灵非常喜欢米老鼠，所以妈妈觉得她应该会喜欢这条短裤。

有天早晨妈妈给灵灵穿短裤时，没想到灵灵噘着小嘴说："我是女孩，必须要穿裙子，男孩才穿短裤呢！"妈妈没想到灵灵还有这样的逻辑，就笑着说："短裤是男孩女孩都可以穿的，你看看小爽姐姐，不是也穿着短裤吗？"可是灵灵一点也不让步，生气地大声说："我不穿！我要穿裙子！给我裙子！"

妈妈觉得灵灵太不可理喻了，就有些不高兴地说："裙子都洗了，还没有干呢，穿衣服还挑三拣四的，不穿短裤你明天就光着屁股去上学吧！"灵灵更不乐意了，大嚷了一声"我就是不穿"之后，就跑回自己的屋子了。

很多父母都会像灵灵的妈妈一样，觉得孩子对于一些事情过于固执，不懂得变通。有些问题根本就没有那么严重，但是在孩子眼中却像是犯了刑律一样不可饶恕。其实，这就是孩子在社会规则敏感期里的表现，父母应该理解孩子的这些行为与心理，不要用强硬的态度去对待孩子。

因为孩子的心理和我们成人的心理不同，对于规则的理解也是不同的，在这个阶段，孩子的思维还不能理解规则是可变的这一现象。因此在孩子通过自己的行为来表现自己的规则意识的时候，很多行为会让父母觉得十分不可理解。但是，在这个时候，父母不要一味地按照自己的想法去做，或者纠正孩子，更不能强迫孩子放弃他自己的规则来遵守父母的规则，或者让孩子接受父母的思想。父母若是这样做的话，会让孩子觉得不公平，从而让孩子受到心理上的伤害，同时也不利于孩子规则意识的发展。如果在这个阶段，强迫孩子打破他自身的某些规则，让孩子一定要顺着父母或者其他长辈所说的去做的话，孩子单纯的思想很可能就会变得混乱，对是非的判断也许就会出现偏差。

所以，在孩子处于这一敏感期的时候，父母要尽量尊重孩子的规则意识，尤其是对于孩子来说一些好的规则，父母不仅要遵守，还应该帮助孩子认真遵守。

尊重孩子的规则意识

孩子在社会规则的敏感期会有自己的一套处世规则，可能还不成熟，但是父母应该尽量遵守孩子的这一规则，不要随意强迫孩子违背自己的规则。

尊重并支持孩子正确的选择

很多事情，孩子会经过自己的考虑做出决定，如果选择正确，父母应该尽量支持孩子。

多向孩子灌输好的规则意识

父母可以通过积极的引导，使孩子逐步建立并完善好的规则，这样孩子就会将执行这些规则变成他自身的需要。

父母首先要遵守规则

父母是孩子的榜样，父母良好的行为习惯可以潜移默化地影响孩子，因此父母首先要遵守规则。

第四节 文化敏感期
—— 汲取各种科学文化知识

解读孩子的文化敏感期

在人类的精神产品中,文化属于最灿烂的一颗明珠,这颗明珠当然会引起正在探求外界的孩子的注意。5岁以后的孩子,对文字、算术、科学、艺术会产生极大的兴趣。他们不再像3岁或2岁时那样盲目地问为什么,而是就一个领域的疑惑提出疑问或自己的设想。这一时期,孩子开始有强烈的求知欲和探究欲,观察能力开始增强,创造性思维萌芽,操作能力、自学能力开始形成,阅读能力和学习综合知识的能力开始形成。这些都标志着孩子已经进入了文化敏感期。

幼儿对文化学习的兴趣萌芽于3岁,但是到了6岁则出现探索事物的强烈需求,孩子对国籍、不同的文化等表现出好奇。因此,这时期孩子的心智就像一块肥沃的田地,准备接受大量的文化播种。成人可以在这个时候给孩子提供丰富的文化信息,以本土文化为基础,延伸至关心世界文化,比如可以让他涉及风土人情、历史、地理等各个方面的知识。

5岁半的阳阳在幼儿园的时候,有一天突然问老师:"为什么5加4等于9?"老师以为他不知道加法的概念,赶快拿来9个水果,同时把幼儿园的加号和等于号的教具拿过来,先放了5个水果,中间放上加号,在加号的后边又放上4个水果，和孩子说："你来数一数，加号前面和后面放在一起一共有几个水果？"孩子不耐烦地说："我知道等于9，但是为什么那个写着的'5'，加了写着的那个'4'，就等于写着的那个'9'呢？"

老师明白了，他是不理解纸上写的数学式子对实际物体表达的形式。实际的5个物体与实际的4个物体加起来，等于实际的9个物体，可孩子不明白的是纸上写着的符号怎么能加起来呢？这是一个根本的疑惑。

孩子以前没有注意到实际物体与符号之间的关系，这个发现和疑惑是许多被教出来的孩子不会想到的。只有自然地对人类文化感兴趣，并自由探索的孩子才能发现这些问题。到了这一个时期，孩子对学习文字、阅读故事会非常感兴趣。

孩子在敏感期会对敏感对象十分感兴趣，文化敏感期正是父母对孩子进行文化熏陶和艺术培养的绝佳时期。而且，因为孩子年龄的增长、思维的改变，已经开始逐渐理解抽象的事物，所以，在这个时期，孩子学习的能力十分强。

孩子成了"十万个为什么"

孩子在5~6岁有一个文化敏感期，这个时期孩子学习文化如饥似渴，当孩子到5~6岁的时候，对物质的基本探索已经不能够满足孩子的精神需求，他们开始转向对人类文化的探索。这是孩子发展的一个规律，孩子在这个时期完全是因为内在的力量让他们对文化的学习有着极大的热情——看见广告牌上的字就问怎么念；喜欢追着爸爸妈妈问：太阳为什么会下山，月亮为什么有时圆有时弯……爸爸妈妈不妨就借这个机会，培养起孩子对科学知识的兴趣来。这样，不但可以培养孩子简单的逻辑思维，也可以培养孩子爱思考、爱学习的好习惯。

好奇心是孩子观察世界、了解世界、懂得世界的媒介，是孩子智力、思维、心理发育的催化剂。而孩子在6岁左右的时候，不仅对于事物的表象感到好奇，还

应对文化敏感期的措施

教育其实是一种影响、一种熏陶,而家庭教育对孩子的影响是最早的、最重要的,对孩子的熏陶更是时时刻刻的,具有永久性,因此,营造、构建良好的家庭文化氛围就显得尤为重要。

1 文明的环境

文明的行为举止,有助于使人们之间关系融洽、和睦、协调,有助于形成良好的家风,更有助于让孩子从小养成高尚的品德和优秀的行为习惯。

2 积极的人际交往环境

人际交往不仅是为了寻求帮助,更是为了满足精神上的需要。

3 劳动的环境

在可能的范围内,应当让小孩子有劳动的机会发展他做事的能力,父母的工作就是培养孩子自己的劳动习惯,培养孩子独立的能力。

4 健康的舆论环境

正确、积极、健康的家庭舆论能增进家庭幸福,推动子女积极向上。

会有很多深层次的问题。有的父母并不能准确回答孩子的每一个"为什么",而且孩子的有些问题在大人看来根本就不是正常的问题。因此,很多父母会严厉禁

如何应对孩子的好奇心

对孩子来说,世界上所有的事物都是神奇的,他们心中充满好奇,于是每天都会有很多的"为什么",他们会打破砂锅问到底,一定要水落石出才行。对此,父母要耐心给孩子解答,满足孩子的好奇心理。

不以成人的思维束缚孩子,做个和他一样的好奇爸爸(妈妈)。

满足孩子的好奇心,不必担心他会损坏东西,而是提供机会,满足孩子的好奇心。

因势利导,让孩子在好奇的基础上学到知识。可以采取一些方法帮助孩子动手体验,让他在好奇的驱使下找到答案,学到知识。

好奇心常常会使孩子做出一些意想不到的事情,甚至有时候会闯出祸来,但也正是好奇心使孩子眼中的世界变得更加丰富多彩,更有朝气。

止孩子，虽然这样父母可以避免很多麻烦，但是却会压制孩子的好奇心，扼杀孩子因为好奇而萌发的创造力与探究事物的能力。

> 凡凡最近就像是一个问题专家一样，每天睁开眼睛就会问为什么："为什么玻璃上会有水珠？是谁把水洒在上面的？"等到洗脸的时候也会问："妈妈，为什么洗脸要用温水？我一点也不觉得凉水凉啊？你为什么说会刺激皮肤？皮肤是什么？为什么会受到刺激？什么是刺激？"就连吃饭的时候也不会闲着，看到爸爸一边吃饭一边看报纸就开始问："你一边吃饭一边看报纸会不会把报纸也吃掉啊？"有些问题常常让爸爸妈妈觉得很可笑，但是，每次在凡凡提问的时候，爸爸妈妈总是会认真回答。
>
> 有一次凡凡从幼儿园回来之后就问妈妈："妈妈，今天我们老师讲了恐龙的故事，恐龙是会下蛋的，恐龙那么厉害，那它的蛋会不会像大石头一样厉害呢？它的蛋会比鸵鸟蛋还大吗？"妈妈听完凡凡的问题之后，觉得自己确实也说不清楚，但是这些问题都可以从资料上找到答案，于是就对凡凡说："妈妈也很想知道呢，不如凡凡找找答案，然后告诉妈妈好吗？"听到妈妈这样说，凡凡来了精神。在妈妈的帮助下，他们从网上找到了关于恐龙蛋的资料，自然也就解决了凡凡的问题。

总之，在孩子处于文化敏感期的时候，孩子每天就像是十万个为什么一样，随时随地都会有无穷的问题。对此，父母要为孩子创造宽松的家庭氛围，鼓励孩子提出问题和各种新颖、独特甚至有点可笑的创造性设想，不要阻挠孩子的自由发挥。父母应该告诉孩子：做任何事情都没有标准答案，消除孩子对书本、大人的依赖。在日常生活中，鼓励孩子自主活动，独立办事，鼓励孩子用新办法来解决问题。